从毕业到立业要上的心理瑜伽课

男版

徐玉霞◎编著

图书在版编目（CIP）数据

从毕业到立业要上的心理瑜伽课．男版 / 徐玉霞编著．-- 北京：北京航空航天大学出版社，2012.1

ISBN 978-7-5124-0626-1

Ⅰ．①从… Ⅱ．①徐… Ⅲ．①男性 - 成功心理 - 通俗读物 Ⅳ．① B848.4-49

中国版本图书馆 CIP 数据核字（2011）第 221173 号

从毕业到立业要上的心理瑜伽课．男版

徐玉霞　编著

责任编辑　简进　吉瑾

*

北京航空航天大学出版社出版发行

北京市海淀区学院路 37 号(邮编 100191） http://www.buaapress.com.cn

发行部电话:（010）82317024　传真:（010）82328026

读者信箱: bhpress@263.net　邮购电话:（010）82316936

三河市汇鑫印务有限公司印装　各地书店经销

*

开本：700 × 960　1/16　印张：14.5　字数：244 千字

2012 年 1 月第 1 版　2012 年 1 月第 1 次印刷

ISBN 978-7-5124-0626-1　定价：29.80 元

若本书有倒页、脱页、缺页等印装质量问题，请与本社发行部联系调换。联系电话:（010）82317024

前言

很多人都觉得，心理学是一门高深而神秘的学问，跟现实生活关系不大。其实并非如此，在我们的生活中，几乎时刻都在和心理学打交道，只是在太多司空见惯的行为当中，我们没有注意到而已。

事实上，在这个世俗的世界中，人与人之间的矛盾多数都是因为心理沟通不够而产生的，有时是因为不能领会对方心理，有时则是因为做事方法不得当，没能满足对方的心理需求。由此可见，不懂心理学的人，就无法在人际交往圈内如鱼得水，这对于以事业为已任的男人来讲，无疑是一个致命的弱点。

千万不要以为二十几岁的男人还是孩子，更不要以为心理学对于男人来说用处不大，男人到了二十几岁，正是角色和身份转变的重要时期，因为涉世不深，不可避免地要面对很多从未经历过的事情，再加上步入社会之后，会遇到很多困难或机遇，假如不能把握自己的心理，合理地运用技巧和方法，就会感觉无所适从，甚至举步维艰。

从恋爱到结婚，从家人到朋友，从同事到领导，从职场规则到人际关系，只有懂得心理学，才能把事情做得更加完满。也只有在你掌握了心理学的知识与技巧之后，生活中的很多难题才能迎刃而解。一个深谙心理知识的男人，无论身在怎样的环境当中，都能得到大家的尊重和喜爱，因为这样的男人能够很好地掌控人的心理活动，灵活运用各方面的关系，从容地化解各种危机和矛盾。

也许你会觉得，心理学只不过是一堆枯燥的概念，一连串不知所云的定律或者一个个令人匪夷所思的实验，其实并非如此，这些看似晦涩难懂的知识，如果换个讲述方式，你马上会感觉到不同，这就像看上去动作很美，做起来却很难的瑜伽操。

实际上，学习心理学，也是瑜伽课的一种，这种身心结合的学习，不但会为你带来新生般的舒畅，更会让你获益终生，毕竟心理学离我们的生活从来不曾遥远。

翻开本书，你会惊喜地发现，那些看起来高深莫测的心理学常识，以及晦涩难懂的心理学概念，了解起来其实并不困难。

本书通过五个学期的课程，从男人自身出发，推及至整个生命，直指灵魂深处。阅读本书，可以让你具有超强的心理掌控能力，利用心理学的知识及技巧，更清楚地把握自己的行为，进而在工作、学习和生活中更加游刃有余，轻松驾驭。

当你还在为一些琐事躁动不安时，当你依然困扰于复杂的人际关系时，当你的爱情遭受挫败时，当你的心灵始终处在压抑状态时……读完这本书，你的内心会很快平静下来，然后重新获得力量，从而拥有健康的身心、和谐的家庭、满意的工作、融洽的人际关系以及完美的心态和理想幸福的人生。

在本书的编写过程中，我得到了一些朋友的帮助和支持，他们是杨世勇、魏敏、杨柳柳、杨帆、张丽莉、谭志丹、赵志卓、郑炜、赵燕、杨海明、于建君、杨雪、岳朗、陈小梦、王四新、贺辉等，在此一并表示感谢。

目 录

心理瑜伽第一学期：顺应体内的能量

心理瑜伽第二学期：感悟生命的真谛

心理瑜伽第三学期：攻打事业的江山

心理瑜伽第四学期：经营甜美的爱情

心理瑜伽第五学期：唤醒心灵的巨人

心理瑜伽第一学期：顺应体内的能量

第1堂：命由己造，相由心生

《了凡四训》曾提到这样一句话："命由己造，相由心生。世界万物皆化相，心不动，则万物不动。心不变，则万相不变。"所谓"命由己造"，就是说人的命运不是上天注定的，而是可以自己创造和改变的。这种观念否定了命运天定说，提倡世人自己造福，追求属于自己的幸福生活。

海伦·凯勒是19~20世纪美国最伟大的女性之一。在她生命的八十多年里，她一直生活在没有阳光、没有声音的世界里。她听不到，也看不见，甚至不能够像正常人那样说话。

这样的不幸降临在任何一个人身上都是一种悲剧，然而海伦·凯勒却凭借自己的坚强和信念，战胜了命运，赢得了世人的称赞，同时也为更多与她有同样遭遇的人带来了慰藉。她勇敢地面对命运给予的挑战，用毕生的爱谱写了一个又一个奇迹。

很多人都认为命运是上天安排好的，于是，信命，认命。但海伦·凯勒却始终没那么想。设想一下，如果当初她选择了放弃，那么，这个世上就会少一分绚丽，少一分精彩，同时会增加一个无辜而又懦弱的生命。所以，命运可以是一种考验，一种挑战，但并不是人生的定局，它完全可以被我们掌握。

世界著名雕塑家卡诺尔年轻的时候是厨房里干粗活的仆人。一次，主人举办了一个盛大的宴会，客人是来自各界的名人，还有一些很有威望的艺术家。不巧的是，准备的过程中有人告诉管家甜点的饰品坏掉了，由于没有可以代替的饰品，因此大家开始手忙脚乱，不知所措。就在这时，一个不起眼的青年人站了出来，他毛遂自荐，声称自己可以帮忙，管家别无他法，只好怀着忐忑的心情让他试试。

片刻之后，厨房里出现一只用食品雕刻而成的巨狮。之后的宴会上，客人们都被它吸引住了，他们非常想知道拥有如此创意的艺术家是谁，主人也是一脸的茫然，在管家的介绍下，卡诺尔的名字被牢牢地印在了当场每个人的心里。

这场宴会是卡洛尔一生中第一个历史性的转折点。或许很多人都认为这是他的运气好，事实上并非如此，假使他平时根本没有这样的爱好，不做任何努力，只是认命自己是仆人，那么任何机遇对于他来说都是毫无意义的。

所以，命运是可以掌握在自己手中的，任何人都能成为自己人生的导演，只要你有足够的信心和明确的目标，还有为实现目标所做的准备。

我们再来说说“相由心生”。这个词最浅显易懂的意思就是：人有何种心境，就会有何种面相。透过人的面部特征，可以看出这个人的个性、特质、心理、作为等。

英国作家奥斯卡·王尔德的小说《道连·格雷的画像》中，美貌少年道连·格雷获得了一张神奇的画像，里面的他无比俊美，但从那以后他性情大变，开始了浪荡不羁、颠倒黑白的日子，在酒色的浸染下，画像的脸上开始出现苍老和衰败，虽然他自己依然干净清爽，脸上没有丝毫的改变，但他的内心已经千疮百孔，不再是当初那个单纯美好的道连·格雷了。

在现实生活中，当然没有那么神奇的事情，任何人都不可能将所经历的一切完全幻化在画像当中，而自己身上却不留痕迹。任何肮脏和淫乱都是无法掩盖的，一切生活经历都会清清楚楚地印刻在每一个人的脸上。

即使是同龄的人，有些人的眼神会因为干净、单纯的心灵而显得神采奕奕，很清澈，而有些人却会因为落入风尘，沦丧心智，堕落无能而使眼神变得浑浊，没有光亮。

人的经历、个性、心境，都会呈现在脸上，无需任何解释。

佛曰“相由心生”，而林肯似乎也有同感，他曾说过这样一句话：“一个人过了四十岁，就要对自己的相貌负责。”因为他认为，行为和心态是能够改变一个人相貌的，善良的人自然会越来越和善，而凶恶的人面容也会变得凶神恶煞一般。

自己的脸，自己来塑造。想要一张人见人爱的脸，首先要认清自己，知道自己应该做什么，不应该做什么，进而用正确的内心力量引导自己。

〖测测你的自主性〗

1. 工作中，你是独断独行还是和团队合作？

A. 合作　　B. 不一定　　C. 自己做

2. 面对难度较大的工作，你一般是独立完成还是希望有人帮助？

A. 很自信，能独立完成

B. 立场不坚定

C. 有人帮忙最好，可以少走弯路

3. 如果让你来装潢自己的家，你会怎样设计？

A. 设计成自己的地盘儿，有活动和娱乐的空间

B. 跟亲人朋友聚会之地

C. 都有

4. 遇到问题你一般会采取什么措施去解决？

A. 独立思考

B. 跟别人讨论得出结论

C. 都有

5. 青春年代，你跟异性的交往如何？

A. 比较多　　B. 一般　　C. 比较少

6. 参加集体活动时，你会表现得很活跃吗？

A. 会　　B. 还可以　　C. 不会

7. 假如别人都把你视为不正常的人，你有何感想？

A. 气得要命　　B. 有点不满　　C. 没关系，让他们去说吧

8. 身在异乡，人生地不熟，你要寻一个地址，会怎么做？

A. 问路　　B. 买份地图自己找　　C. 都有可能

9. 工作时，你总是喜欢自己策划、自己完成，不喜欢别人插手。

A. 对　　B. 不是　　C. 还好

10. 你学习的方式多数是以下哪种？

A. 阅读书刊、杂志，网络信息

B. 跟大家一起讨论

C. 都有

评分标准：

第1、5、6、7题：选A得0分，选B得1分，选C得2分。

第2题：选A得2分，选B得1分，选C得0分。

第3、4、9、10题：选A得2分，选B得1分，选C得0分。

第8题：选A得0分，选B得2分，选C得1分。

答案解析：

分数为15 ~ 20: 你自立自强，当机立断。通常能够自作主张，独立完成自己的工作计划，不依赖别人，也不受社会舆论的约束。同时，你无意控制和支配别人，不嫌弃别人，但也无需取得别人的好感。

分数为11 ~ 14: 你能够在一般性问题上自作主张，并能够独立完成，但对某些高难度的问题常常拿不定主意，需要他人的帮助。

分数为0 ~ 10: 你依赖、随群、附和。通常愿意与别人共同工作，而不愿独自做事。常常放弃个人主见，附和众议，以取得别人的好感。因为你需要团体的支持以维持自信心，你不是真正的乐群者，应多培养一些自己的自主性。

〖心理瑜伽第1式〗

1. 握紧拳头，命运尽在掌心中

某天，两个学生一同去寺院游玩，见到禅师后，迫不及待地请教各自的命运如何。禅师笑了，让他们伸出手，说道："你们一定早就知道掌心这几条线分别象征什么运吧！"学生很自然地指出了生命线、爱情线还有事业线。

禅师点点头继续说："是的，生命、爱情、事业基本就是一个人命运当中最重要的三个要素。"禅师叫两个学生握紧手，然后笑着问他们："那些线现在何处？"

两个学生异口同声地说："当然就在我们自己的手里！"

说完，两个学生顿悟，原来命运一直就在我们自己的掌握之中！

现实正是如此，命运并不是上天注定的，每个人都可以主宰自己的命运。我们应该相信，命运的好坏是在不断地实践、改善中呈现出来的，这反映了一个人的品质。

很多人喜欢研究运势，其实人生的运势是握在自己手心里。塑造你的人生，为你的生命增砖添瓦，命运就会很理想。如果沉迷于迷信的宿命说，每当遇到不顺心，就诚惶诚恐，坐立不安，怕命运不公，伤害自己，那便只能是被命运操纵，一辈子难以翻身。

2. 改善心境，塑造容貌

山东地区曾有这样一个古怪的雕塑家，他技艺高超，但是作品基本都是夜叉以及各种妖魔鬼怪的塑像，惟妙惟肖，见者丧胆。终于有一天，他被镜子里自己那奇丑无比的相貌震撼了。

其实，他的五官并不丑陋，反而可以称得上英俊，之所以相貌大不如以前是因为他整个人的精神状况以及神态都变得十分古怪：凶神恶煞，愁眉苦脸，以至于照镜子时把自己吓到。

后来他四处求医，竟无一人能帮他还原容貌，无论是吃药也好，整容也好，人世间的医生都无法医治他五官之间的“关系”，更无法医治一个人萎靡不振的精神状态。

一个偶然的机会，他把自己的苦衷诉说给了庙中的一位长老。长老称可以治好他的怪病，但前提条件是要他将自己指定的几尊神态不同的观音像雕塑出来，雕塑家欣然接受了这个要求。

回到家之后，雕塑家跟往常一样仔细研究观音像的神态和各种特征，他忘我地投入到工作当中，脸上的表情也随之不断变化。

众所周知，观音神态安详慈祥，是神圣、正义、仁厚的象征。所以，半年后雕塑完成了，他的相貌也逐渐变得英俊潇洒，慈眉善目，而且整个人看上去精神饱满，容光焕发。

第 2 堂：有舍才有得

有这样一个题目：假如卢浮宫失火了，情况危急，你只能救走一幅画，那么你会救哪一幅？人们大都会选择去救达·芬奇的传世之作《蒙娜丽莎》，或其他价值昂贵的画作，然而最佳答案却在所有人的预料之外，法国著名作家贝尔特的回答是：“我救离出口最近的那幅画。”他也因此而赢得了金奖。

这个题目告诉人们，最有价值的，未必是最好的，唯有最有可能实现的，才能体现出目标的真正价值。

人生之路，如何舍弃，是一门艺术。甚至有时，放弃就是获得。

我们先来看一则有趣的寓言故事：

有一只白兔是所有兔子姐妹当中最具独特审美眼光的，大自然的美被她视为世间最美，尤其是月色的美，皎洁、明亮，还带有一丝神秘。每到夜幕降临，她都会跟明月如约相见。在她眼中的明月，不论阴晴圆缺，都格外有风韵。

后来，诸神之王得知此白兔的心意，便招她进宫，宣布了一项决定。从那以后，月亮有了自己的归属，正是那只白兔，因为唯有她最懂得欣赏月色之美。

可是，自从拥有了明月，仿佛一切都变了，虽然白兔每天晚上依然会去林中的草地上抬头赏月，然而再也没有了赏月的眼光和心情，只是下意识地告诉自己：这月亮只属于我，任何人不可以抢走。

白兔把月亮看守得牢牢的，一刻也不放松警惕，样子很像视财如命的大财主守着自己的钱盒子。

时不时地有几片乌云遮住了月亮，她便开始躁动不安，内心忐忑，生怕宝贝被乌云夺走。

有时，残月当空，她也不再觉得那是美的。不论圆月还是残月，在她眼中都不再美丽，总会勾起她心底无穷的得失之患。

最终，白兔不堪重负，于是请求诸神之王收回成命，撤销自己对月亮的拥有权。

很多人在一无所有的时候，都是开开心心的，除了追求那点儿小幸福，别无他求，活得那么逍遥自在，无拘无束。然而一旦什么都有了，就开始患得患失，整个人都变得神经兮兮，寝食难安。仔细想想，这又是何必呢？假如获得某些东西并不能使你安心，不如舍弃。或许你会说自己很想要那些东西，但只要你肯静下心来想一想，就会明白，内心的安宁和坦然比什么都重要。只要心境好，就能够做到合理地取舍，只有明智的舍弃，才会有理想的实现。

放弃了最初想要的，将来可能会得到更好的；你放弃了一块矿石，将来就有可能得到整座矿山；放弃了月亮，你就有可能得到整片天空。

有一个年轻人，风华正茂，有魅力有气质，但他却总是瞧不起别人，总觉得自己天资很高，甚至连面容憔悴、饱经风霜的老人也会被他奚落。

一天清早，那个青年在林中散步时，遇到一位老人，因为顺路，两个人便一起边走边聊。途中青年看到鲜花遍布草丛中，深吸一口气感觉很舒服，就说："青春，犹如鲜花般耀眼夺目。"然后又瞄了一眼一旁的几片落叶，说："衰老，如同落叶一样凄凄惨惨。"

老人笑了，摇摇头说他用的比喻并不完全贴切，然后问他见没见过核桃。青年不以为然，觉得这个问题很可笑，没好气地回答："当然见过。"老人笑着告诉他："如果青年好比鲜花，绚丽夺目，那么老人就是那干枯的核桃，但核桃的价值比鲜花大得多。"

青年听了很不服气，说："没有鲜花，何来果实？"老人不紧不慢地说："没错，所有的果实之前都是鲜花，但是所有的鲜花这辈子也未必变得了果实。"听罢，青年不再反击，羞愧得低下了高傲的头。

电影《霸王别姬》当中，师傅的一句话很有道理："要想人前显贵，定要人后受罪。"现如今很多俊男靓女都把时间浪费在了穿戴打扮上，却忽视了塑造内在品质，肚子里的墨水也少之又少。倘若将这些华而不实的外在资本看淡，暂且舍弃在一边，趁着大好年华多去丰富自己的知识储备，积累生活经验，未来一定会更加美好，也更值得期待。

〖由舍弃倾向测试你的成功法宝〗

现代社会，生活节奏快，城市的繁忙带给人们充实和激情。然而也会有很多人觉得时间久了需要做一些自我调整，让自己的生活返璞归真，放弃奢华、靡费，将淳朴自然的方式融入到生活中。那么，你觉得你目前最需要舍弃的是什么？

A. 靡费奢华

B. 名利

C. 疯狂工作带来的刺激和成就

答案解析：

选择A. 靡费奢华，象征着有钱，是你的金钱观。测试结果：

对于你来说，机遇是可遇而不可求的美梦，但当你痛下决心要去追求的时候，结果可能会给你泼冷水，白费力气，什么也没得到。而当你遇到极大的挫败，面临痛苦和绝望的时候，机会却自动找上门。就像人们常说的：好事多磨。不过，总体上说，你的运气还是很不错的，既有“无心插柳柳成荫”，又有“山重水复疑无路，柳暗花明又一村”。但凡遇到来之不易的好机会，就一定要像看到救命稻草一样，抓住它。

选择 B. 名利。测试结果：

你是一个很敏感的人，眼光犀利，凡事只要看准了机会，大都会万无一失，将果实收入囊中。你总是很会表现自己，不计后果地追求自己想要的东西，金钱、势力或知名度等，一切煞费苦心的争取，都是为了满足自己最大限度的利益。你具备成为焦点人物的特质，很容易成功。

选择 C. 疯狂工作带来的刺激和成就。测试结果：

你总会通过不懈的努力获得很多自我表现的机会，虽然天资不一定比得过别人，但是你的执著和勤奋，你认真的态度，一直都是成就理想的重要资本。但凡你认定了的事情，都会拼命去实现，不轻易言弃。你还是一个聪明的人，灵活地把握住每一次机会，你成功的关键就是你不顾一切、勇往直前的精神。但，这也是一大缺点，凡事都应该有个限度，你容易冲动，喜欢当机立断，难免会出错。今后需要时刻保持清醒，不论境遇是好是坏，都要仔细斟酌，避免不必要的损失。

〖心理瑜伽第 2 式〗

1. 放弃该放弃的，坚持该坚持的

陶渊明放弃了朝廷的重用以及高官厚禄，选择了“无丝竹之乱耳，无案牍之劳形”，去归园田居。躬耕二十几载，闲情悠哉，播种喜悦，湖光山色，尽情观赏，最终成就了他的诗集，千古绝唱从此流芳百世。他舍弃了束缚，没有了权力，然而却获得了自由和重生。

司马迁，一个默默为历史鉴证的工作者，因为李陵事件而受宫刑，身心受到两重摧残。然而他并不屈服，为了完成父亲的遗愿，他忍辱负重，舍弃了正常人的生活，将历史长河中的点滴真实地记录下来，为世人做出了重大贡献，

成就了“究天人之际，通古今之变，成一家之言”的《史记》。

放下那些痛苦、愤懑和纠结的情绪吧。坚持理想，坚守原则，对自己狠一点，你才能得到更多更好的硕果。

2. 珍惜你所真正拥有的

香港著名歌星、影星张国荣拥有一张俊朗的脸，不论他的歌声还是演技都得到了好评。然而在这绚丽之下，又有谁知道命运对他的拷问是多么的残酷。

他说这辈子最喜爱的女人是毛舜筠，但毛舜筠最终还是没有嫁给他；身为一个艺人，他也梦想多拿几个“最佳男主角”，然而事实却是若非《阿飞正传》，他在从影生涯当中会是颗粒无收。

1997 年的红馆演唱会相信很多人都记忆犹新，张国荣将自己与唐鹤德先生的恋情公布于众。有句话说：很多人都认为得不到的才是最好的。其实不然，在你身边，或许一直都有这样一个人，一直守候着你，默默无闻，那才是真正属于你的。

后来，张国荣和毛舜筠成了好朋友，无话不谈，家中也一直都有唐先生的体贴照顾，这何尝不是一种幸福？作为艺人，虽然没能多拿几个“影帝”，但他精湛的演技，对演艺界的突出贡献是有目共睹的，包括他的朋友以及影迷们，都因为他的很多作品总是有提名没有获奖而愤愤不平。他在《霸王别姬》当中饰演的程蝶衣的形象弘扬了我国国粹——京剧，虽然没能拿到“影帝”，但张国荣已经很知足了，毕竟，什么奖项都比不上大众给予的肯定。于是，他坦然地接受了很多不如意的现实，失去了毛舜筠，得到了唐鹤德；失去了最佳男主角，得到了两代人的一致好评。

世间万事，有舍才有得。舍弃得不到的，换来更适合自己的，也是一种幸福。

第 3 堂：站起来，才能高人一等

林冲是《水浒传》中十分重要的人物，他这一生经历了一条杀气腾腾、布满荆棘的人生之路，由八十万禁军教头变成绿林好汉，从一开始的忍气吞声变成了后来的威武将军，并成为五虎将中排名第二的领头人物。

林冲本是统治阶级的一分子，身为教头，本应该与妻子儿女过安分守己的小日子，却偏偏有人看着眼红，起了歹心。一个偶然的机会，高衙内看上了他貌美如花的妻子，并趁其不在时，三番五次对小娘子进行拦路调戏，哄骗，直至诱奸。

起初，林冲因为自知身份卑微，为了不招惹杀身之祸，惊动朝廷，并没有反抗高氏父子，只是想找一个可以避难的地方安顿下来，继续自己的平凡生活，唯唯诺诺，躲躲藏藏。然而，一味地退让和委曲求全并没有令高氏父子善罢甘休，为达到可耻的目的及肮脏的欲望，他们不择手段，草菅人命。一个接着一个的祸患接踵而至，每一次对于林冲来说都是致命的打击。

在林冲被发配到天王堂草料场时，高俅的心腹陆谦放火暗算，打算杀了他，最终林冲忍无可忍将陆谦杀死，迎着寒风大雪连夜逃走，被迫投奔了梁山农民起义军，却一直得不到白衣秀士王伦的重用。

好在天无绝人之路，晁盖、吴用等人智取生辰纲，也上了梁山，一直得不到赏识的林冲再也无法接受这样一个窝囊的自己，决定做出一番成就。于是他毅然决然地杀了王伦，保晁盖为首领，从此战功不断，声名远扬。

堂堂七尺男儿，妻子被调戏，自己却因为不敢惊动朝廷，惹不起官员而一再退让，以至于灾祸降身，无处躲藏，连性命都差点儿不保了。好在后来他终于觉悟，站立起来，不再唯唯诺诺，而他勇敢地与命运抗衡的精神也最终成就了他的战绩和地位。

尽管我们不能否认，林冲自始至终都是一个令人深刻同情的悲剧性人物，但在他短暂的生命过程中，他站起来为自己争取利益的一段经历，还是让人闻之振奋，为之赞叹，也正是因为他的选择，才使得他的故事流传千古。

作为男人，就应当具备男人的强势与气魄。当然，这并不意味着男人不能有自己的真实情感和泯灭人性，真正的男子汉应该是积极乐观，坚强自信的。他们有正义感，有强大的责任心，有胆识，讲诚信，正直，大方得体。他们爱憎分明，追求真理，有宽大的胸怀，能够包容一切。真正的男人从不在功名利禄面前卑躬屈膝，永远都是昂首挺胸，不卑不亢，也绝不会轻易地向逆境低头认输。

〖测测你的自信心〗

1. 在一个陌生的城市，你在问路时是否心里很犹豫，不敢问？

A. 是（0分）　　　B. 否（1分）

2. 你认为站着更洒脱吗？

A. 是（1分）　　　B. 否（0分）

3. 你喜欢食物的多样化吗？

A. 是（0分）　　　B. 否（1分）

4. 你是否感觉你的衣柜不是很整洁？

A. 是（0分）　　　B. 否（1分）

5. 如果我们在一个听不到自己声音的地方说话，你是否会感到自己说话的时候声音低沉、浑厚、适度？

A. 是（0分）　　　B. 否（1分）

6. 你是一个怯场的人吗？

A. 是（0分）　　　B. 否（1分）

7. 你是不是经常将门窗、箱子之类的锁起来？很谨慎很仔细？

A. 是（0分）　　　B. 否（1分）

8. 你是不是很喜欢看镜子里的自己？

A. 是（0分）　　　B. 否（1分）

9. 你是否愿意跟不经意间挑中的一个人恋爱或者结婚？

A. 是（0分）　　　B. 否（1分）

10. 你有丢三落四的习惯吗？

A. 是（0分）　　　B. 否（1分）

11. 如果别人取笑你或者对你评头论足，你能够正确对待吗？

A. 是（0分）　　　B. 否（1分）

12. 如果你总是考不及格，甚至留级，你会怀疑自己的能力吗？

A. 是（0分）　　　B. 否（1分）

13. 你很喜欢并且很向往领导这一角色吗？

A. 是（0分）　　　B. 否（1分）

14. 你通常都会独立解决遇到的问题吗？

A. 是（0分）　B. 否（1分）

15. 你觉得有必要部分授权吗？

A. 是（0分）　B. 否（1分）

16. 你喜欢跟别人一起探讨你的个人问题吗？

A. 是（0分）　B. 否（1分）

17. 你觉得你的父母爱你吗？

A. 是（0分）　B. 否（1分）

18. 你时常因为噩梦而困扰吗？

A. 是（0分）　B. 否（1分）

19. 你认为不论走到哪儿都会被别人盯着看，或者冷嘲热讽，背后里议论你吗？

A. 是（0分）　B. 否（1分）

20. 你有没有偶尔会想改变自己的性别？

A. 是（0分）　B. 否（1分）

答案解析：

1 ~ 5分：你是一个聪明的人，同时又有较强的好奇心。你总能轻松地回答出别人提出的问题，但是因为你缺乏自信，所以你总是在心里回答，而不是痛快地说出来。想要增加自信，不妨敞开心扉，放开自己，自然一些，不必过于谨慎。

6 ~ 15分：你是一个在多数情况下都能自信满满的人，但在有些情况下也会变得胆怯。你做事总是恰到好处，考虑周全，你可以驾驭自己的生活。

16 ~ 20分：你是个十分自信的人，你很成熟，遇事冷静，处理各种问题都基本不在话下，包括在你遇到悲伤的事情时，你也能控制住自己的情绪。你乐于助人，基本不会推辞别人的求助，并且不求回报，是一个品德高尚的人。

〖心理瑜伽第3式〗

1. 大胆去追，她就是你的

香港电影《霹雳大喇叭》当中，由洪金宝饰演的大喇叭手陈文俊是大家公认的老好人，他心地善良，却没有胆识，不敢追求自己喜欢的女孩子，也不敢顶撞任何人，担心会惹来是非。为此，这个老实忠厚却没有男子气概的男人，没少在女孩子面前出丑，也一直得不到领导的重用。

他没有反抗，只是一味妥协，承受着命运的安排。幸好他有一个仗义的朋友张定其，出主意撮合他和Joan勇敢地交往。当陈文俊终于鼓起勇气在朋友以及神探的积极配合与帮助下破获了案件时，他顿时信心倍增，终于挺直腰板做起了堂堂正正的大男人，也得到了女友的信赖。这部影片也有了感情、事业双丰收的美满结局。

影视作品当中的陈文俊，其实就是现实生活中很多男人的真实写照。他们总是认为自己外表不够英俊，能力不足，知识匮乏，等等，总感觉不会得到女孩子的青睐，也很难得到领导的赏识。其实不然，英俊的外表并不能说明什么，一个男人的能力体现在他的遇事冷静、豁达大度、办事效率、灵活性、成果以及号召力等方面，他的修养程度则可以通过他为人处世的态度来观察。

一个成功的男人是不会惧怕表现自己的，每遇到一个好的机会，他们都会恰到好处地将主动权掌握住，有效地引导他人将注意力转移到自己身上，并对自己优秀的表现鼓掌称赞。

2. 做回你自己

电影《变相怪杰》中的史丹利是一个银行出纳员，老实忠厚，不善言辞。他希望能拥有财富和爱情，但他觉得一切只不过是一种不切实际的幻想，所以，他没有勇气向心爱的蒂娜·卡莱尔表白，也不敢公然顶撞上司，显得懦弱无能。

一天晚上，在海边散步的他发现了一个神秘的面具，起初他并不知道面具会给他的生活带来什么，当他拿起面具，靠近自己的脸部时，一种莫名的力量将面具死死地粘在他的脸上，一阵巨大的旋风随之而来——史丹利变成了一个绿脸怪物。

从此以后，他便开始了恶作剧式的复仇计划，以往看不起他的人都遭到了戏弄。而且，在魔力的控制下，史丹利抢劫了银行，并在夜总会和心爱的蒂娜暧昧演出，引起了黑势力头目的忌恨，也引来了警察的注意。然而，他那神奇的魔力却总是引导别人去做不可思议的事情，以至于将严肃的逮捕行动也变得滑稽有趣。

后来，黑帮老大多利安看出了其中的端倪，骗取了史丹利的面具，史丹利被迫入狱。一场激烈的争夺大战之后，史丹利用智慧和勇敢战胜了邪恶的多利安一党，也得到了蒂娜的真心。

这当然是个故事，却映射出现实生活中很多男人的心声，当男人面对来自社会以及家庭带来的种种压力和考验时，往往都会感到疲惫不堪，有的甚至还会出现逃避现实的欲望，不敢正视自己，没有胆量与考验作战，或者极度羡慕社会各界的成功人士，心里暗自感叹，假如自己是他们那该有多好。

事实上，人之所以会羡慕别人，是因为没有意识到自己的优势，或许你并不帅气，但你忠诚善良，这比单纯的英俊更能令女子倾心；或许权、钱、势这三样你都没有，但你有大智慧和大目标，通过自己的智慧和努力赢得的硕果，才是你最值得炫耀的成功。所以，肯定自己，做回自己，你会发现，原来你也很棒！

第 4 堂：别为打翻的牛奶哭泣

大多接触过高中英语课本的人，都会对课本中这样的一句话记忆犹新："There is no use crying over spilt milk." 意思是："牛奶洒了，哭也没有用。"也可用"覆水难收"一词概括大意。

曾有这样一个故事：

某天，有一个人担着两筐样式不同的茶壶去集市上卖，途中经过一个山坡，正当这时，筐里几只茶壶摔在地上，碎了个七零八落，但是他却头也不回地继续走着。旁观者见了很心急，便好言相告，然而这人只回了一句："茶壶已碎，看有何用？"

当然，这不过是个案，事实上，持有卖壶人这种心态的人并不多见。多数人在面对自己的损失时，都不会第一时间想到"不以物喜，不以己悲"这句话，而是在面对碎了一地的"茶壶"时，犹如亲眼看到碎了一地的心，唉声叹气，悔不当初，甚至抱怨命运不公，恨由心生。然后带着这种扭曲的心理继续眼睁睁地目睹一个又一个“茶壶”粉身碎骨，却救不了自己。这样一来，既浪费了时间，而且也解决不了任何问题。

既然如此，倒不如卸下这个包袱，调整一下心态，鼓励自己，勇往直前。

波尔赫德是一位世界著名的话剧演员，她五十年如一日地在舞台上奉献自己的青春与热情。当她 71 岁高龄时，一场意外的到来，宣告了她的破产，更令人叹息的是，因为受伤严重，她的腿部患上了脉管炎，必须要截肢。

得知这一消息的波尔赫德很平静，她选择了勇敢地面对现实。手术那天，手术台上的她放声朗诵起了戏剧台词，别人以为这是她安慰自己的一种方法，她却说不，她这么做完全是为了舒缓手术室的紧张气氛，安慰医护人员。后来，波尔赫德又继续在舞台上绽放了七年，她的精神不得不令人称赞。

爱迪生 67 岁那年，一场无情大火彻底摧毁了他的研制工厂。随着一切心血的灰飞烟灭，所有美好的憧憬似乎也在他的心里不可避免的离去了。但事实并非如此，第二天早晨，爱迪生乐观地站立在曾耗费百万资产的废墟上向世界宣读了他的信心：“现在，我又可以重新开始了！”

当某些东西注定要失去的时候，最好的方法不是逃避，而是坦然接受，去面对，并适应这样的处境，然后冷静下来，为自己找寻出路。要知道，通往成功的道路不止一条，只有愚人才会一条路走到黑。

跟无法挽回的事情说再见也并不能说明你的人生从此失去光彩，失去意义。有句话说得太妙了：上帝在向你关闭一扇门的同时，为你打开了一扇窗。我们更需要在正视损失后擦干眼泪，不要让自己因为没有见到太阳而伤心，最终错过月亮，也不要因为一棵树的死亡而放弃整片森林。

〖测测你的心理承受能力〗

下面的每道题，请根据自己的实际情况作出“是”或“不是”的回答。然后对照评分标准，算出分数，查看后面的分析。

1. 你觉得自己是弱者吗？

A. 是　　B. 不是

2. 你喜欢去冒险和经历刺激的事情吗？

A. 是　　B. 不是

3. 你现在的生活环境是不是令你感到快乐和温暖呢？

A. 是　　　　　　B. 不是

4. 如果现在就去睡觉，你是不是会担心自己失眠？

A. 是　　　　　　B. 不是

5. 生病难受的时候，你是不是乐观积极地面对呢？

A. 是　　　　　　B. 不是

6. 你感觉自己是否被需要？

A. 是　　　　　　B. 不是

7. 若晚上晚睡，次日起床之后你会发现自己很憔悴，精神不佳吗？

A. 是　　　　　　B. 不是

8. 每当看完一部惊悚恐怖片，很长时间之内，你都会感到心有余悸吗？

A. 是　　　　　　B. 不是

9. 现实生活常常让你觉得很累吗？

A. 是　　　　　　B. 不是

10. 你是否有几个知心朋友，总是可以无话不谈？

A. 是　　　　　　B. 不是

11. 成绩单发下来了，成绩很不理想，这样会严重影响你的情绪吗？

A. 是　　　　　　B. 不是

12. 你觉得自己是否健壮？

A. 是　　　　　　B. 不是

13. 与别人发生口角之后，你会一直处于见到此人便会特别尴尬的状态吗？

A. 是　　　　　　B. 不是

14. 你对于自己的未来多半都是充满信心和期待的吗？

A. 是　　　　　　B. 不是

15. 你是生活在一个充满关爱，被呵护和幸福包围的家庭吗？

A. 是　　　　　　B. 不是

16. 当你被老师提问却没有回答出来时，你会感到很郁闷吗？

A. 是　　　　　　B. 不是

17. 每到一个新的环境，你是否常常会有吃不好、睡不着、闹肚子、头晕等不适症状？

A. 是　　B. 不是

18. 遇到困境，你是不是依然会认为一切都将会平息？

A. 是　　B. 不是

19. 你有明显的偏食、厌食吗？

A. 是　　B. 不是

20. 父母发生争吵，你会想要逃离这样的氛围吗？

A. 是　　B. 不是

21. 你是不是每周都会有适当的运动锻炼呢？如慢跑、打球等。

A. 是　　B. 不是

22. 你有神经衰弱吗？

A. 是　　B. 不是

23. 你觉得自己在老师同学当中是受欢迎的吗？

A. 是　　B. 不是

24. 心情不愉快会影响你平时的饭量吗？

A. 是　　B. 不是

25. 你见到老鼠、毒蜘蛛、蟑螂之类令人恶心又讨厌的东西会感到害怕吗？

A. 是　　B. 不是

26. 面对挫败，你有战胜它的信心和动力吗？

A. 是　　B. 不是

27. 你时常与同学或者朋友交流意见或看法吗？

A. 是　　B. 不是

28. 你是不是经常被心事搞得难以入眠？

A. 是　　B. 不是

29. 在人多的场合下，或者面对陌生人的时候，你是否感到很不自在？

A. 是　　B. 不是

30. 你是否将挫折看得很淡，与其他相比根本不值一提？

A. 是　　B. 不是

评分标准：

2、3、5、6、10、12、14、15、18、21、23、24、26、27、30题选择A记1分，选择B记0分。其余各题选择A记0分，选择B记1分。

答案解析：

总分0～9分：你的心理承受力比较差。时常有挫折感，易灰心，遇到困境容易走不出来。

总分10～20分：承受力很一般。你只能在小的范围内承受一点挫折，一旦遇到更大的挫败，你还是会被击倒，有危机感。

总分21~30分：你的承受力很强。你能够以积极的心态去面对各种压力与困境，心理素质极好。

〖心理瑜伽第4式〗

1. 失之东隅，收之桑榆

由琼瑶小说改编的电视剧《情深深雨蒙蒙》当中的某集中曾有过这样一幕：傅文佩举起酒杯，说："振华，失之东隅，收之桑榆，失去了的，就不要再强留了吧。雪琴实在罪不至死啊，她还是把最好的年华给了你，你现在放了她，她会感恩不尽，枪毙了她，家里不过是多了一具尸体，你要一具冷冰冰的尸体做什么。"

枪毙了王雪琴只能解一时之气，并不能换来陆振华后半生的安宁，假使因为打击报复曾经辜负过他的人而伤害更多尊敬和爱戴他的人，那将会给陆振华这一生带来更大的遗憾。

在现实生活中也一样，或许你一直纠结于过去，为自己的损失痛心、愤懑、委屈。而事实上，你的抱怨和愤愤不平解决不了任何问题，反倒会影响自己和周围人的情绪，对学习、工作、生活起不到积极推动的作用。

泰戈尔有一句名言：错过了太阳，你还在哭泣，你将会再错过星星。当一个人瞬间失去很多珍贵的东西时，首先要做的不是自怨自艾，而是要尽可能使自己平静下来，看清事实，认清自己，乐观积极地去面对一切。如此，成长才会比以往更快，毕竟唯有取之不尽、用之不竭的信心和向往，才能成就美好的明天。

2. 放下过去，奔向未来

一对夫妇婚后 11 年生下一名男婴，夫妻两个视如珍宝，彼此间的感情也是日益升温。

时间过得很快，转眼间，儿子已经两岁了。一天，丈夫要去上班，出门前看到桌上一个敞开的药瓶，由于赶时间，他并没有拧上药瓶，而仅仅跟妻子打了个招呼，就出门了。然而妻子因为一直忙其他的事情，竟把此事抛在脑后，完全不记得了。

好奇心很强的男孩被药水的颜色吸引，拿起药瓶，一饮而尽，没想到，这却是一瓶含有剧毒的药水。孩子被送往医院时已经奄奄一息，妻子被这情形吓傻了，丈夫得知噩耗后，也非常痛心，非常绝望。

很多人都以为孩子的父亲会将责任推到妻子身上，因为毕竟是由于她的疏忽而造成了恶果，但让所有人都没想到的是，他含泪望着儿子的尸体和伤心欲绝的妻子，只说了四个字：“玲，我爱你”。他很清楚，对于儿子的死亡，不论追究谁的责任也已经于事无补。抱怨，痛斥，只能招致更多的痛心，毕竟儿子是两个人爱情的结晶。正是因为他的态度，打破了夫妻之间毁灭性的困境，也解救了二人的婚姻。

你可以因为一件不幸的遭遇而埋怨命运的安排，去痛斥，去责骂，甚至去自责，然而一切仍旧不会顺应你的心愿和设想去发展，因此，你只能接受现实，认清自己，进行自救；否则，你将会一直带着无法愈合的伤疤痛苦地活下去。

倘若你肯放下过去，鼓起勇气面对以后的生活，你会明白，这个世上根本不存在绝望的处境，只有对处境绝望的人。

第 5 堂：赶走你的忧郁

仿佛一提及忧郁，人们都会联想到抑郁症，由此，想起演艺圈曾经因为抑郁症出现过自杀倾向的艺人。有一段时期很流行这样一种对人的比喻，说某人身上透着一种忧郁的气质，显得魅力非凡。或许只有在忧郁中苦恼的那些人，才不会将“忧郁气质”视为值得自豪的特质。

究竟什么是忧郁，忧郁与抑郁症之间有怎样的联系，我们又应该如何远离忧郁呢？

据美国《洛杉矶时报》报道，在很多影视作品或者文字作品当中，但凡提到“忧郁”一词的，就必定伴随着“心碎”的心理描述。这说明，“忧郁”很有可能令人“心碎”。

相关学者多年的研究结果表明，人的情绪变化以及思维都与心脏有一定关联，而忧郁恶化转变成的抑郁症造成的精神不振、失眠、多梦、痛苦、沮丧、四肢无力等后果使人不愿意去做任何事，渐渐接受这样的病态生活，于是有人开始吸烟、酗酒，对医生产生抵触心理，因此导致心脏发病率不断上升，甚至危及生命。这也证实了忧郁久而久之会引发各种心脏疾病。

有人会说，心情不好很正常，暂时的忧郁和沉闷对身体健康不会有太大的危害，只要进行自我调节便可，无需大惊小怪。其实，很多不幸都是由不起眼的隐患导致的，量变引起质变，一旦忧郁不能及时有效地排解，积少成多，后果同样不堪设想。

中国著名影后阮玲玉是个清新脱俗、端庄大方的才女。她在演艺界贡献突出，好评不断，是中国艺术领域的一朵奇葩。然而阮玲玉之死一直是个谜，最广泛的一种说法是，她是由于社会压力，受不了人言可畏抑郁而终的；还有一种说法是，她是被男友唐季珊害死的。

在牛群的一期节目当中，我们得到了这样一个令人惊叹的答案：正当人们将杀死阮玲玉的头号杀手视为“人言可畏”之时，福建的《思明商学报》在一夜之间突然曝光了一封阮玲玉的遗书，内容显示，因为唐季珊迷恋上别的女子，同时一而再再而三地暴打阮玲玉，致使其产生自杀的念头。而后媒体对阮玲玉前男友张达民的侄女张琳进行采访，老人的陈述更是令人痛心，唐季珊故意拖延时间，致使阮玲玉获救的希望大大降低。

我们无法想象这样一位影视巨星，一个如此美丽的传奇才女生前究竟遭受过怎样的蹂躏和摧残，单单从节目中提到的没有被伪造的遗书里能够看出，当时的阮玲玉背负着多大的痛苦和绝望，而自杀的念头绝非一时冲动，而是日积月累，最终形成了质的变化，她再也无法承受世态的悲凉，最终走上了一条不归路。抑郁情绪造成的严重后果由此可见一斑。

〖测测你的忧郁指数〗

宾夕法尼亚大学的 David D· Burns 博士是美国心理治疗专家，他的“伯恩斯忧郁症清单（BDC）”是一套忧郁症的自我诊断表，通过答题来看你是否有忧郁倾向。

以下有四个程度等级，请在每做完一道题目之后记下分数，最后累计总分，参考解析分析自己。

等级一：没有 得分：0；

等级二：轻度 得分：1；

等级三：中度 得分：2；

等级四：严重 得分：3。

1. 你有没有长时间感到悲伤或痛苦？
2. 你会不会认为自己的前途没有希望？
3. 你是否一直觉得自己很失败，活着很没价值？
4. 你是不是经常看到别人的好，却自叹不如，活着力不从心？
5. 你是不是常常将事情的一切责任都归结于自己身上？
6. 面对选择的时候，你是否总是犹豫不决？
7. 近期，你是不是一直处于愤愤的状态？
8. 你是否对事业、亲情、友情、爱好都没有了兴趣？
9. 你是不是常常觉得做什么事都提不起精神，一点动力都没有？
10. 你是否觉得自己已经老了，没有一点魅力可言了？
11. 你是不是胃口不好，饮食不规律？
12. 你是否失眠？或者整天昏昏沉沉，四肢无力？
13. 你是否丧失了性欲？
14. 你是不是常常为自己的健康担心？
15. 你有没有生不如死的感觉？觉得自己活着没有意义？

答案解析：

0 ~ 4 分：正常水平。

5 ~ 10 分：偶尔会有忧郁情绪。

11 ~ 20 分：轻度的忧郁症。

21 ~ 30 分：中度的忧郁症。

31 ~ 45 分：严重的忧郁症。

假如你的测试结果显示你有重度的抑郁症，应及时就医，请心理专家帮你解决困扰。

〖心理瑜伽第 5 式〗

1. 爱自己，才能得到别人的爱

20 世纪 50 年代，一位身着白色连衣裙的金发女郎勾起了很多男人们的爱慕之情，她风吹裙飘，宛如一朵浪花激起，将性感的胴体展现在人们面前。这是喜剧精品《七年之痒》中的经典镜头，而这位金发女郎则是世人所熟知的性感女神——玛丽莲·梦露。

她是众多男人的梦中情人，也令很多女人羡慕不已，然而她自己却始终不这么认为。她总是在想，当玛丽莲·梦露有什么好的呢？她向心理医生反映得最多的就是她觉得很孤独，觉得没有人在乎她，没有人爱她。为了引起别人的关注，她总是迟到，她说，只有当对方在乎你，爱你的时候，才有可能会惴惴不安地等你。她很喜欢被人等候的感觉，也很喜欢被人拿着相机狂拍，仿佛只有这样，才能让她感受到爱和关注。

梦露从小就失去双亲的疼爱呵护，因此有着较为严重的心理问题，后来虽然由于傲人的身材闻名于演艺圈，但她却并不觉得自己是幸福的，她很讨厌赤身裸体面对镜头，那只不过是为了生计；她很讨厌男人在她身上看来看去，那不过是满足他们的视觉感受，并不是爱。她跟心理医生说感觉不到自己的存在，仿佛自己就是一个空壳，任人摆布，一个男人拥有了自己，然后抛弃自己，自己又被另一个男人拥有，周而复始，没有谁真正爱过自己，那只不过是一种生理需求罢了。

极度的忧郁情绪，扭曲的心理，渐渐地将梦露的纯情磨灭，她不再相信这个世界有真正使她开心的事情，在她的事业如日中天的时候，因为长时间极度的忧郁而导致的心理疾病开始加重，一发而不可收拾，直到有人发现她的遗体。

虽然玛丽莲·梦露之死一直是个谜，但我们不能否认，长时间不断加重的抑郁是加快她死亡的一大导火索。

很多人都曾有过这样的经历，每每遭受心灵上的伤害都会变得抑郁，无精打采，食欲不振，失眠多梦，最后变得越发的消瘦和憔悴。一个人，不论男女，如果连自己都不爱自己，那这个世上就没人能够爱他了。一个用摧残自己的方式来引起别人注意的人，最终得到的往往只会是别人恐惧的眼光，他的样子非但不会令更多的人同情，还会使人们害怕，从而远离他，尤其是男人。因此只有坚强，理智，让自己变得强大，才能给身边的人安全感，才能令别人依赖自己，认可自己，爱自己。

一个乐观积极的、爱自己且能够为别人着想的人，将会获得更多的爱。

2. 适当发泄，舒缓情绪

当今社会，竞争激烈，商业职场被越来越多的人视为竞技场，时时处处弥漫的都是杀气冲天。很多现实问题摆在我们面前，身为一个男人，顶天立地，做出一番事业是必然的，因为你终有一天要离开父母的保护自己出去闯荡。

职场上，吃苦受累都是必然的，甚至会费力不讨好。有些时候，你明明在单位表现很积极也很勤奋，却总也得不到应得的赏识和信任，于是晋升机会遥遥无期，与同事之间的关系也变得紧张。回到家里，又总是将不愉快埋在心里，一个人关在房间里闷闷不乐，妻子关心一下，你还会将她推开，说她很烦，于是家人也会在你的情绪之下受到影响。

任何一个在乎你的人都不应当是你伤害的对象，假使你不能正视现实，认清自我，而总是一味地抱怨命运不公，时令不好，你将永远在这个狭小的是非圈子中徘徊，迟迟找不到突破口，并最终迷失方向。当你渐渐陷入一种混沌的深渊时，极度的忧郁，失足的痛感，甚至亲人的背离，都有可能导致你精神的崩溃。一个人如果精神崩溃了，还能有什么成就可言呢，这何尝不是一种悲哀？

所以，有时候，男人需要采取适当的方式发泄自己，不要将怒气和委屈埋在心底。有人可能觉得，痛哭是女人的专利，男人要坚强，把眼泪咽下去，忍气吞声，任劳任怨，最终才能成就一番事业，假如连这点儿承受能力都没有，那就不配作为男人。其实不然，刘德华的歌中曾唱到“男人哭吧不是罪”，其实不会适当地排解，没有驾驭残酷现实的能力，没有一颗宽大的心，才真的不是男人所为。

第 6 堂：别让乌云遮住心灵的彩虹

这个世上纵有万般难以捉摸的事情，也都比不过人心给我们带来的困惑。可以这么说，人心是最难以理解的，也是最难控制的，但只要我们有坚定的信念和足够的勇气，相信即便经受苦难，也终会走出阴影，重见光明。我们必须相信，痛苦能使人成长，只要走出了心理阴影，就将得到一个全新的自我，全新的生命。

相信每一个中国人都会记得 5·12 特大地震当中记者拍下的许多真实影像，这些照片和录像让我们记住了很多名字、很多面孔。当年的震撼，直到如今在我们脑海里的印象都是那样的清晰：那些被天灾摧残得支离破碎的家庭，一个个默默承受失去亲人痛苦的幼小生命，一具具难辨身份的尸体……每每让人触目惊心，更多的还有痛心。

那场大地震是中国灾难性的历史记录，是每一个中国人心中的痛。无数个饱经磨难的人在医护人员的全力抢救下挽回了性命，睁开了双眼，北川姑娘李月就是其中一个，然而不幸的是，她虽然活了下来，却永远地失去了左腿，落下了终身残疾。

灾难过后，这个视芭蕾为生命的女孩，该怎样去面对自己的残缺，面对自己以后的人生呢？人们都在为她惋惜，都在想如何才能引导她走出阴霾，但是大家都错了，小李月并没有在困难面前妥协，她没有堕落，而是在康复训练期间非常勇敢地忍痛练习，最终，这个美丽的北川姑娘站起来了，她向命运宣战，她向所有人证明了，自己是强者。

2008 年 9 月 6 日，残奥会开幕。小李月如约而至，她的芭蕾《永不停跳的舞步》实现了她的梦想，虽然失去了一条腿，却未能泯灭她对舞蹈艺术和美好人生的追求。舞罢，全场掌声雷动，人们情不自禁地潸然泪下。

“虽然地震夺去我的左腿，但是我永远不会放弃我的芭蕾梦想。”她没有停下舞步，她是全场最美丽的舞蹈天使。凭借大家的关心支持，以及坚强信念，她撑起了身体，走出了心理阴影，成就了舞台梦。

内心的强大，不但可以化解很多遗憾，还能帮助人们重新塑造自我。

1983版电视连续剧《射雕英雄传》中，黄日华饰演的郭靖生性内敛，忠厚老实，不善言辞，体质也差，总是被伙伴们戏弄。尽管如此，郭靖始终遵循母亲和师傅们教给他的为人原则行事，本本分分，勤勤恳恳。长大后，更是扎扎实实下苦功夫修炼，在黄蓉以及洪七公等人的帮助下，最终成就了一身的好功夫，练成了降龙十八掌，为父亲报了一箭之仇。

天资比别人差，并不能说明这个人的未来不会有光明。就像郭靖，在他人的冷嘲热讽之中依然坚定，承认自身的不足，同时坚信母亲与师傅的教导，从懦弱变坚强，从失败一步一步走向成功，击败一个又一个目标。那些年，他将失去父亲的痛苦深埋于心，将自己所受的委屈硬生生咽下去，中间经历多少坎坷，多少不幸，他都走出来了。

在现实生活中，我们一定要始终坚信这一点：我们唯一的劲敌，就是自己。只要能把遮住心灵彩虹的乌云拨开，只要能战胜自己，战胜心魔，一切阴影，都不能使我们退缩。

〖测测你的内心有多脆弱〗

每个人都有一颗柔软的心，这是从物理性质上看的，然而人心的本质意义，却能为我们呈现出别样的意义。有时，我们的心就像水晶，晶莹剔透，容易破碎，但有时却坚硬无比。究竟你的心是坚韧无比，还是十分脆弱呢？让我们来做个测试：

以下测试选项中，B为1分，A为0分。

1. 我认为，一般最好不去探讨自己对别人的看法，只要做到心中有数就可以了。

A. 是的　　　　B. 不赞同

2. 我通常不会对别人的指示和命令言听计从，都是我行我素，以自我为中心。

A. 是的　　　　B. 没有

3. 跟别人讨论时，我总会因为反复的辩论而变得过分激动，甚至有些极端，感觉很不适应。

A. 是的　　　　　　B. 不会

4. 当自己的想法不被父母喜欢时，我也会实话实说。

A. 不同意　　　　　B. 同意

5. 我的成功多半都是因为运气好，或者有贵人相助才得以实现。

A. 是的　　　　　　B. 不是

6. 当自己的判断遭到质疑时，我依然相信自己是对的。

A. 是的　　　　　　B. 不是

7. 如果别人劝我不要去做某件事，我会停下来，不继续冒险。

A. 是的　　　　　　B. 不是

8. 我的平等观念很强，认为每个人都应当是平等的，社会应该是公平的。

A. 不是　　　　　　B. 是的

9. 每当深刻反省的时候，自己都觉得很痛苦很压抑。

A. 是的　　　　　　B. 不是

10. 我为别人的生活做出了很多有价值有意义的贡献。

A. 不是　　　　　　B. 是的

答案解析：

8 分以及 8 分以上——你的内心刚强得令人赞叹。

你的内心很坚强，韧度惊人。由于有些时候，自己的坚韧有可能会让别人误以为是一种威胁，所以你应该注意，与他人相处的时候，尽可能缓和一下，注意气氛，以免给别人造成慌乱。

从某种程度上说，你能够细致地检验自己的行为动机并进行适当的反思，而其他人却未必都能像你一样，甚至有的还会变得头脑不清醒，一片茫然。

你对自己高度信任，所以别人在你身上发现一些可怕的现象，也不会引起你的恐慌。

5 ~ 7 分（包括 5 分）——你比自己想象得更加坚强。

在心理强韧性方面，你的得分高于平均水平。这说明你能够把握最佳时机，鼓起勇气去做自己认为是正确的事，即便完成这件事很艰难，中间会遇到很多麻烦。

你相信实践得真知，而非别人的意见，因此，你常常对于那些缺乏自信的人表现得没有耐心。但是你对自己的心理强韧度并不是十分了解，所以你在面临工作或者人际关系当中出现的问题时，会显得没有规律，很多事在拿不准的情况下就要出击，所以，在你要对自己近期思索的问题采取关键的解决措施时，一定要三思而后行。

0 ~ 2 分——你的内心太脆弱了。

通过分数显示，在心理强韧性方面，你处于较低的水平。你是一个非常在乎外界表彰的人，如果你的努力没有得到一定的奖励，那么你就会质疑，自己做的一切值不值得。你会用别人给自己奖励与否来判断自己做事的对与错，值与不值，而不是根据自己的经验来判定事物。

那么，从现在开始，你要学会独立思考，独立完成很多事，尽可能不去依靠别人的力量或者判断。相对于那些得分高的人，你显得不够慷慨，不够豁达。

玩世不恭，是你缺乏自信心的另一种表现，而且你总会觉得别人会轻易伤害到你，如果他们会的话。

〖心理瑜伽第 6 式〗

1. 内心的强大，可以化解很多遗憾

张海迪的故事相信很多人都有所耳闻，她在 5 岁时不幸得了脊髓病，后来高位截瘫。5 岁的孩子，应该享受天真烂漫的童年，而她却从此开始了与众不同的人生。

生活无法自理的张海迪，不能上学，就在家里将小学到高中的课程全部自学完。15 岁那年，她跟随父母下放到聊城农村，教孩子们念书学习。期间，她用自学的针灸医术免费为村里的乡亲们进行针灸治疗。之后的一段时间，她还当过无线电的修理工。

后来，张海迪还自学了大学英语、日语和德语，攻读了大学和硕士研究生的课程。1983 年，她开始致力于文学创作事业，先后翻译英文小说数十万字，编著的作品有《生命的追问》、《轮椅上的梦》等，有的作品还在国外出版发行，轰动一时。

1983 年，《中国青年报》上的一篇名为《是颗流星，就要把光留给人间》

的文章吸引了众人的目光，从此张海迪名扬全中国，人们都称她“八十年代新雷锋”和“当代保尔”。

一个身体残疾的弱女子，用她顽强的意志和坚定的信念支撑起了自己以及家人所有的希望，走过了几十个春夏秋冬，忍耐着常人无法忍耐的种种，最终成就了一生的光荣，比男人更强大。之所以获得这样的成绩，正是因为她内心竟志的强大。

2. 战胜自己，就等于战胜了一切

一颗强大的心，可以化解很多与生俱来的，或是后天降临的遗憾，同时，也能帮助别人重新塑造自己的人生，更好地生活下去，作为男人，更应如此。

自称“职业是生病，业余在写作”的著名文学家史铁生先生创作的散文《我与地坛》曾鼓励了很多人，并于2002年获得华语文学传媒大奖年度杰出成就奖。

生活在轮椅上的史铁生，始终和命运抗争，肉体上的残疾并没有使他对生活失去信心，相反，他通过自己的创作让伤残者们学会自力更生，勇敢地走出精神困境。作品中折射出来的意义超越了伤残者对命运安排的绝望，而上升为对众人生存观念以及精神“伤残”人群的关怀。

第7堂：百花丛里过，片叶不沾身

有这样一则寓言故事：有一天，八仙之一吕洞宾下凡到人间，路上遇到一个小男孩在不停地哭泣，于是他问男孩：“你为什么哭呢？”

小男孩说：“家里太穷了，我没有能力来赡养生我养我的父母，我实在是太不孝了。”

吕洞宾听后为男孩的孝心所感动，随手指着路边的一块石头说：“这样吧，我将这块石头变成金块，你拿回家孝敬父母吧。”

然而，当他把金块送到男孩面前时，男孩却断然拒绝了，吕洞宾问他原因。

男孩说：“我想要你点石成金的手指。”

这个故事很短，但是却发人深思，一无所有的小男孩面对诱惑的时候，激发

了内心的欲望，这个欲望甚至升级到连金子都不要了，而是要点石成金的指头。

由此可见，人们容易被诱惑扰乱自己的心智，甚至将自己诱导，误入歧途。

二十几岁的男孩，刚刚踏入社会，重重诱惑会摆在你的面前：名利的诱惑、金钱的诱惑、声色的诱惑、美食的诱惑、锦衣的诱惑等。

诱惑往往会激起人们贪婪的欲望，贪婪就像一个无底深渊，永远无法填满，如果你的贪婪之心不再受制于你，那么你就彻底掉进了万劫不复的深渊。

贪婪可以使君子变小人，忠良变奸佞，胸怀远大志向的有志青年变贪图小利的可怜虫。一个年轻的生命，总是会被各种诱惑所包围，但是决不能被贪婪所湮没，不能成为贪婪的奴隶。

面对诱惑，你应该有所投入，但也要自持、自制，既应有热望又应有所节制，从而能在诱惑的包围之中，头脑清醒，心态平衡，行为规范。

人的欲望是没有止境的，当得到时就希望得到的更多，而一个贪求厚利、永不知足的人，等于是在愚弄自己。贪婪是一切罪恶之源。贪婪能令人忘却一切，甚至自己的人格。贪婪令人丧失理智，做出愚昧、不堪的行为。

原河北省国税局局长李真，在被判处死刑前有记者对他进行专访。

记者问了这样一个问题："在你的精神支柱倒塌之后，你知道自己变成什么样子了吗？"

李真说："在我进监狱之前，也就是听说上头要查我之后，我准备把一个装满钱的箱子运到香港，但是见箱子里的钱不是很满，我就通知一个工程承包商说：'你先送来50万，等工程合同签完后，再从里面扣，否则我就要把工程承包给别人。'那个人很快就把钱送来了，于是我把箱子填满了，把多余的钱放在了另一个箱子里。"

记者又问："如果警察没有来抓你，你是不是也想把第二个箱子装满。"

李真说："可能会，人的欲望就是这样无度。"

李真的经历告诉我们一个道理：当权力遇到金钱，然后加上一个人的贪婪，那么就孵化出许多害人的毒蛇。

权力能获得金钱，金钱能买来纸醉金迷，却买不来尊严和自由。贪婪地追求金钱，不择手段去获取，无异于一砖一砖地给自己建造监狱。

李真最后一句话警示我们：人一定要能够抵御住诱惑，知足常乐，将贪婪的本性遏制在摇篮里，否则害人害己。

一次，理学家程明道和弟弟程伊川一起参加一个朋友的宴会，期间主人召了几个妓女一起共饮，伊川正襟危坐，目不斜视，而明道一点也不在乎，照样吃喝。

宴席散后，伊川责怪哥哥一点也不恭谨，而明道只说了八个字："目中有妓，心中无妓！"

明道的洒脱也正是"云月相同，溪山各异"，"百花丛里过，片叶不沾身"的境界，如果二十几岁的你能够达到这种境界，真是一大幸事。

〖测测你的自制力〗

每个人都会面对诱惑，能否抵制住诱惑取决于你自己。一个人内心坚定的自制力是抵制诱惑的最有力的武器，它能够将你从无能为力的受诱惑状态中解救出来，恢复自我控制的能力，重新主宰自己的命运。那么来测试一下你是不是一个自制力强的男孩吧。

1."这是最后一次了"是你常用的口头禅吗？

A. 是　　B. 不是

2. 你经常会做一些让自己事后感到后悔的事吗？

A. 是　　B. 不是

3. 你经常不能完成自己承诺的目标吗？

A. 是　　B. 不是

4. 你总是没到月底，就把这个月的薪水花得精光吗？

A. 是　　B. 不是

5. 你是个很好说话的人吗？说服你并不是一件难事吗？

A. 是　　B. 不是

6. 你是否经常幻想一些不切实际的事情，并且深陷其中吗？

A. 是　　B. 不是

7. 你是否经常会遇到一些大大小小的麻烦呢？

A. 是　　B. 不是

8. 你的承诺和誓言已经不太被人相信了吗？

A. 是　　B. 不是

9. 每次购物完毕后，是不是会发现超出了自己的预算呢？

A. 是　　　　B. 不是

10. 你经常赖床吗？

A. 是　　　　B. 不是

评分标准：

选择 A 计 1 分，选择 B 计 0 分，最后将每道题的分数相加得出总分。

答案解析：

总分为 1 ~ 3 分——抵御诱惑的能力较强。

你有很强的自制力，能够很有效地掌控和调节自己的思想、行为。你非常理智，对于“我想做”和“应该做”的关系把握得很准确，你能够完成一些自我要求的事情，并且对未来有很好的规划。但是希望你不要过分地克制自己，不要对别人和自己都太苛刻。

分数为 4 ~ 10 分——容易向诱惑屈服。

你总是会成为诱惑的奴隶，你的很多想法和计划总是半路夭折，甚至导致对自己不报任何期望。假如你真的处在这样的境地之中，请千万不要泄气，每个人身上都有这样或者那样的缺点，而人最大的优势就是自己能够正视这些缺点，并且努力克制自己。

如果你想处理一些缺乏自制的问题，那么首先可以从小事做起，比如闹钟一响，就强迫自己立即起床，并且养成准时起床的习惯。

另外，你可以对克制住自己的一次小胜利给予奖励，比如：一个月没有迟到一次，那么就请自己看一场电影；完成了某个计划，就给自己买件新衣服，等等。

〖心理瑜伽第 7 式〗

1. 不仅仅为了一颗豆

《百喻经》里有这样一个有趣的故事：

有个猴子手里抓了一把豆子，很高兴地一蹦一跳地走在路上，一个不小心，手里的一颗豆子滚到了地上。

猴子为了捡起这颗豆子，于是把手里的豆子全部放在了路旁，趴在地上仔细地找了起来，但是始终不见那颗豆子的影子。

当找了很久还是没找到时，它决定放弃，可是没想到的是，它发现原先放在路边的那一把豆子全部都被经过的鸡鸭吃掉了。

当我们二十几岁时，我们有很多的追求，某些诱惑激发了我们追求的欲望，但是如果我们缺乏理智的判断，一味地去投入，很可能会像故事中的猴子一样，为了追求一颗豆子，到最后才发现自己丢了所有的豆子。

因此，当我们面对诱惑的时候，无论这个诱惑是大还是小，请记住，千万不要为了一点点权力或者钱财，而搭上我们宝贵的青春甚至是生命。

2. 年轻生命要轻装轻载

还有一个关于猴子的故事是这样说的：

在印度的热带丛林里，当地人用一种奇特的方法来捕捉猴子，在一个固定的小木盒子里，人们装上猴子爱吃的坚果，在盒子上端开一个口子，这个口子的大小恰好能让猴子把爪子伸进去，一旦猴子抓住了坚果，那么它们的爪子就别想再抽出来。

人们使用这种方法抓住猴子的成功率很高，因为猴子只要抓住了坚果，就再也不肯把爪子松开。

你或许也会嘲笑猴子的愚蠢，会同样疑问：猴子为什么不松开爪子，放下坚果逃命呢？

如果我们审视一下自己，可能会发现，并不是只有猴子会犯这样的低级错误，有时候我们也像猴子一样。

二十几岁算不上很成熟，他们的生命之舟刚刚铸造完毕，尚不能承载太多的物欲与虚荣，如果你不想在到达目的地之前搁浅或者沉没，那么你必须轻装轻载，把那些贪婪和欲望统统都扔到海里去吧。

第 8 堂：把反省当早餐

《论语·学而》当中有这么一句：“曾子曰：‘吾日三省吾身，为人谋而不忠乎？与朋友交而不信乎？传而不习乎？’”意思是：“我每天都要用以下三件事来反省自己：为主公出谋划策做到忠心不二了吗？跟友人往来做到诚实守信了吗？老师传授的知识时常温习了吗？”

其实对于现代人来说，这种反省精神也是尤为重要的。活在当下，我们应当时刻反省自己，一天的忙碌过后，躺在床上，将这一整天的过程像过电影一样回想一遍，自己在为上级领导做事时有没有尽心尽力，尽职尽责？有没有故意隐瞒某些真相欺骗家人朋友？有没有行善？之前制订的学习计划有没有落实……假如某处没有做到，有没有相应的惩罚来加深记忆？长期坚持做到这些，就能帮助自己塑造良好的品格。想成为一个成功人士，并非那么遥不可及，只要你足够专心，足够努力，就一定能实现。

“周处除三害”的典故想必很多人都曾听说过，故事讲的是有一个名叫周处的年轻男子，生性刚烈，脾气暴躁，专横跋扈，蛮不讲理，乡亲们视他为村中的一大祸害。除了周处外再加上河中有条蛟龙，山上有只白额虎，这三者被当地的百姓称为“三害”，而三害之中唯周处最为棘手，久而久之，大家都感觉，如果他不在了，天下才会太平。

一天，有人灵机一动，劝周处将猛虎和蛟龙处死，以显示自己的强大和王者气派，但实际上，根本没有人在乎三害当中谁输谁赢，只要灭其一，百姓就会很高兴。

果不其然，周处杀死了老虎，又去灭蛟龙。蛟龙在河中沉浮不定，一时激起千层浪，可周处不管，硬是跟蛟龙拼了三天三夜的命。

当地的乡亲们见周处一直没回来，心想他大概已经死了，于是非常高兴，邻里街坊都纷纷拿出炮仗庆祝。恰恰就在这个时候，周处胜利归来，没想到乡里人全当他死了，正在庆祝。看到这一幕，耀武扬威的他顿时像泄了气的皮球，没了往日的神勇。经过好些日子的反省，他渐渐明白过来，自己先前的作为实在太过分了，难怪大家把自己列为三大祸害之首。

后来，周处到吴郡去找陆机和陆云，他见到了陆云，把事情的整个过程以及自己的感受全盘托出，并且下定决心重新做人，提高自身修养，不再让人们怕自己。他告诉陆云，自己很想融入到那个大家庭中，可是这些年来自己的恶习已经根深蒂固，加之年岁已大，担心努力也不会有所成就。

陆云笑着告诉他一句话：“朝闻道，夕死可矣。”意思是：早晨得知真理，晚上就死去，都可以。

接着，陆云对周处说，你只要一心悔改，不放弃自己，前途依然是光明的、有希望的。一个人，就怕没有志向，只要有一个明确的志向，就不必担心别人对自己的悔改视而不见，好名声自然也会传开了。

听了陆云的话，周处回去后日夜反省，最终改过自新，成为当时有名的大忠臣，被世人称赞。

〖测测你的性格是否受欢迎〗

1. 你会选择把养老用的房子建在哪儿？

A. 有湖的地方（8 分）

B. 有河的地方（15 分）

C. 深山里（6 分）

D. 树林里（10 分）

2. 吃西餐时，你一般最先用哪一道？

A. 饮料（6 分）

B. 沙拉（6 分）

C. 肉类（15 分）

D. 面包（6 分）

3. 每逢过节都要喝饮料，以下搭配你认为哪一种最合适？

A. 圣诞节 / 香槟（15 分）

B. 新年 / 牛奶（6 分）

C. 情人节 / 葡萄酒（1 分）

D. 国庆日 / 威士忌（6 分）

4. 你希望自己会是苍茫宇宙中的什么？

A. 太阳（1 分）

B. 月亮（1 分）

C. 星星（8 分）

D. 云（15 分）

5. 你通常什么时候洗澡？

A. 晚饭之后（10 分）

B. 上床之前（8 分）

C. 晚饭之前（15 分）

D. 早上起床之后（3 分）

E. 看完电视之后（6 分）

F. 不一定，看情况（6 分）

6. 红色和绿色，你认为用哪一种颜色的笔写出来的“爱”字更能代表一份真爱？

A. 红色（1 分）

B. 绿色（3 分）

7. 以下几种颜色，你认为最喜欢用哪一种作为窗帘的颜色？

A. 蓝（6 分）

B. 白（8 分）

C. 黑（1 分）

D. 紫（10 分）

E. 红（15 分）

F. 绿（6 分）

G. 橙（3 分）

H. 黄（1 分）

8. 以下几种水果，哪一种你最喜欢？

A. 苹果（10 分）

B. 葡萄（1 分）

C. 橘子（8 分）

D. 香蕉（15 分）

E. 菠萝（15 分）

F. 柿子（3 分）

G. 樱桃（3 分）

H. 哈密瓜（6 分）

I. 木瓜（10 分）

J. 葡萄柚（8 分）

K. 水梨（6 分）

9. 如果你是以下某种动物，你希望自己的毛色是什么？

A. 猫咪 / 蓝毛（6 分）

B. 狮子 / 红毛（15 分）

C. 大象 / 绿毛（1 分）

D. 狐狸 / 黄毛（6 分）

10. 家人跟朋友两者，你认为哪一个最重要？

A. 朋友（15 分）

B. 家人（6 分）

11. 你会为了谋取自己想要的好处而刻意跟上司或朋友套好关系吗？

A. 会（3 分）

B. 不会（1 分）

12. 如果你是蝴蝶，会停在什么颜色的花瓣上？

A. 紫（6 分）

B. 粉红（8 分）

C. 黄（3 分）

D. 大红（15 分）

13. 闲着无聊时，你一般都喜欢收看什么性质的电视节目？

A. 综艺（10 分）

B. 新闻（15 分）

C. 电视连续剧（6 分）

D. 体育（15 分）

E. 电影（10 分）

答案解析：

100 分以上：

你是一个开朗豪放的人，喜欢助人为乐，做事从不拖泥带水，而且你有好的心理素质，干劲十足，和你在一起的人，都会感觉到取之不尽用之不竭的能量，不会轻言放弃。但有时也会很激动，对于命运遭受不公的人会有强烈的同情心。

100 ~ 90 分：

你总是一切以自我为中心，喜欢命令别人，厌恶别人对自己提出质疑或者反抗，感觉自己永远是赢家，而别人都要服从于你。如果不改改你的脾气，不试着站在别人的角度思考问题，总是一如既往地按照自己的意愿办事，最终还是会令人厌恶，损失极大。

89 ~ 79 分：

你的创新思维能力很强，但有时也会胡思乱想，弄得自己很忧郁。在感情方面，你期待美好爱情的同时，也会害怕受到伤害。你总是有些优柔寡断，做事跟着感觉走，没有一定的逻辑，思路不清晰，很感性。

78 ~ 60 分：

你做事一向很谨慎，也很容易妥协，有些时候你宁可独自承受压力，也不愿透漏半点儿信息，你总以为，一切都是瞬息，一切都将会过去，只是时间问题。但是你错了，逞强并不是真正的坚强，从某种意义上说，这是一种逃避的心理。

59 ~ 40 分：

你总是不知道如何表达自己，将自己孤立于另一个世界里。其实这只是一种表面现象，其实你还是很喜欢热闹的，只是有时候这会让你觉得慌乱如麻，但那并不是烦躁，你依然很喜欢被人关注的感觉，那样会让你感觉到自己的存在。由此可见，你是一个双重性格的人。

40 分以下：

你是个很有心机的人，企图心很强烈，一味地追求难以实现的梦想，这样会造成一种难以自持的不平衡的心态。这种性格还会让你得罪很多人，使你遭遇四面楚歌，却又不甘心，不乐意悔改。

〖心理瑜伽第 8 式〗

1. 及时反省，是迈向成功的第一步

“假如时光可以倒流，世界上将有一半的人可以成为伟人。”这是法国牧师纳德 · 兰塞姆墓碑上他的亲笔手迹。一位智者在解读这句话的时候说：“如果每个人都能及时地反省自身，而不是等到几十年之后，那么，这个世上就会有一半的人有成为成功人士的可能。”这句话，表达出反省二字在人生当中的重要意义。

众所周知，邹忌是齐国的一位贤臣，他善于反省自己，自知不如徐公美，所以，在面对他人的称赞时从不骄傲自满，而是虚心谨慎。对于不同的人的心

思，他也有较为透彻的研究和理解，故而意识到齐国政治的弊端所在，并且采取及时有效的措施，最终，使得齐国在列国中脱颖而出。

唐太宗李世民也时常反省自己的行为：有没有将百姓的事时时挂于心上？有没有做个尽职尽责的好皇帝？有没有全力以赴，为国家无私奉献？在对待朝廷官员时有没有做到以身作则……正是因为他如此善于反省，才最终成为一代英主，带来了贞观之治。

2. 遇事怨天尤人，只会加速失败

与邹忌、李世民等人物相比，那些自始至终都不知道如何反省自身的人，最终的结果又会是怎样的呢？

英勇一时的楚霸王项羽，尽管曾取得过显赫的战绩，但他常常自以为是，缺乏仁慈之心，没有足够宽大的胸怀，没有一点国君的气质，目光短浅且爱慕虚荣，小农意识浓厚，勇气多于智慧，只能算匹夫之勇。这些负面的特质决定了项羽的人生，也决定了他悲剧的结局。

没有杀掉刘邦，并不是他最严重的失误，而是他自身性格的弱点自始至终都没有克服，这对于一个怀有远大志向的英雄人物来说，是非常致命的。就在他生命的最后一刻，他依然在呐喊着："天亡我，非战之罪也！"这种执迷不悟、刚愎自用、不知自省的作为，最终将他推向绝路。所以，即便是他在鸿门宴上杀了刘邦，也难免将来被其他人毁灭。

第 9 堂：冲动是魔鬼

在 2005 年央视主办的春节联欢晚会上，郭冬临跟牛莉在小品中饰演了一对夫妻，郭冬临是一个懦弱的丈夫，每当妻子要他为自己收拾邻居，他都会劝妻子说："千万不要冲动，冲动是魔鬼"。这个有趣的小品在让人开怀一笑的同时，也记住了他反复劝谏的这个颠扑不破的真理——"冲动是魔鬼"。

历史上有很多典故都证明了这个观点。

平西王吴三桂，因放清兵入关，大败李自成而闻名于世。当初，他领兵回京朝见李自成，路过永平沙河驿时，跟由京城出逃的家人相遇了。

吴三桂问家人情况可好，家人说全被闯王抄了，吴三桂说他去了就会归还。他又问家父如何，答复是已经被捕，吴三桂说他去了，父亲就会被释放。他的重点问题在最后：夫人陈圆圆怎么样了，然而他听到的却是："被闯王带走了"。这令他怒发冲冠，按捺不住自己的情绪，之前的平静也一扫而光，他大声喝道："我一个大丈夫连自己妻子都保不住，还有何面目见人？"于是乎，他带兵又打回了山海关，用朝廷重臣的身份向自己的敌人清军请兵，希望多尔衮鼎力相助。

这就是历史上著名的"冲冠一怒为红颜"的故事。吴三桂为了苏州名妓陈圆圆，不惜将大汉的江山社稷出卖给了清朝。

像这样为了心爱的美女一时冲动，不顾一切后果去做事的男人，不论什么年代，都是不计其数。至于什么是最应当重视的，前途是怎样的，遇到什么样的诱惑应该保持什么样的心态，等等，仿佛皆是浮云，被他们看得很淡。

男人的冲动有很多种，不同的导火索会引发不同的冲动。

很多人都知道"愤青"一词。"愤青"是指对社会现状不满，对政府，对国家完全失去信心，用极端的言辞或者文笔来泄愤的人。《三国演义》当中就出现过一个引人注目的"愤青"——祢衡。他常常自以为是，目空一切，且专横跋扈，不可理喻。他曾多次用激烈的言语羞辱文武群臣，甚至连曹操都敢得罪。致使后来曹操将他介绍给刘表，刘表因为同样无法忍受谩骂和冷嘲热讽，将祢衡送给了黄祖。黄祖是武夫，性格刚烈，脾气暴躁，祢衡的无礼，加快了他迈向死亡的脚步，最终，祢衡死在了黄祖的刀下。

从祢衡的一系列表现来看，他虽有一定的才华，却没有施展在合适的地方，正是因为他将自己的精力都用在了对别人人格的攻击上，才会造成惨痛的结果。或许他是怀才不遇，渴望明主，渴望一个锦绣前程，渴望出头之日，然而他的激烈和冲动，他的不可一世却给他带来了不可挽回的局面，最终窝囊的死去。

〖测测你是否易冲动〗

1. 你喜欢游泳吗？

A. 不喜欢，有一点怕水 ——转到 2

B. 喜欢，游泳可以锻炼全身肌肉，保持体型 ——转到 3

2. 如果迷路了，需要找人问路，你会怎么做？

A. 一般会找同性或者年长的人问路 ——转到 4

B. 不一定，或者是找个相貌好的异性问路 ——转到 5

3. 如果在你要出门的时候恰逢大雨，你会怎么办？

A. 计划不变，下雨净化空气，是好事 ——转到 4

B. 不出去了，雨停再说 ——转到 7

4. 夏天很热，你大汗淋漓，此时，你想到冰箱里还有一杯冰镇饮料，你会怎么做？

A. 打开瓶盖，一饮而尽，这样很爽 ——转到 8

B. 虽然很热，也要慢慢喝，总会喝完的，不急 ——转到 6

5.如果某天不巧让你遇到了惨烈的车祸，现场一片狼藉，鲜血满地，你会？

A. 有些不舒服，但是好奇心战胜了一切，还会继续看 ——转到 6

B. 很震撼很恐慌，也很恶心，扭头就走 ——转到 7

6. 如果经济条件较好，你会选择怎样的穿戴？

A. 买好一点的衣服穿，自己搭配，不一定是名牌，效果好即可 ——转到 9

B. 买名牌，质量好有保障，而且显得很体面 ——转到 10

7. 你是否常常忘记拿钥匙或者忘记钥匙放在哪？

A. 有，经常的 ——转到 9

B. 基本没有这种情况，平时比较细心 ——转到 11

8. 你有没有因为某个心目中的偶像有了另外一半而难过？

A. 感觉自己的挚爱被抢走，心里很痛苦 ——转到 9

B. 还好，因为始终就不认为自己会跟那个人在一起，内心的波澜没这么明显 ——转到 10

9. 你有没有美术的天赋？

A. 没有，只是偶尔欣赏一下别人的作品，自己不会有这方面的创作，也没有独到的艺术眼光—— A 型

B. 有，虽然没有经历过很专业很严格的训练，但是依然喜欢那份美感——转到 10

10. 你看煽情的电视时，会不会很容易将自己融入角色？

A. 会，明知道那是戏，却还是忍不住落泪 → C 型

B. 还好，我的哭点太低 ——转到 11

11. 你独自在一个陌生的城市生活，在家时一般都穿什么样的衣服？

A. 在自己家，无所谓 → B 型

B. 不会太随意，看着舒服就行 → D 型

答案解析：

A 型的人

你是一个心细的人，言行举止都很谨慎，做事之前都会仔细考虑，把一切可能都假设一遍，分析后果会出现哪些可能。然而这并不是最好的方式，很多机会，都是在你的过分细心中错过的。有些时候不必考虑太多，该主动时就主动。总体看来，你的冲动指数并不高，但是受外界影响的可能却大大提高了，所以，很有可能会受人引导，做出意想不到的事情。

B 型的人

你是一个外在冷酷孤傲，内在热血奔腾的人，每当身处新的环境，面对周围的人，你总会显得有些严肃、冷漠，然而一旦有人取得了你的信任，你便会把自己的心事、秘密都告知对方。这是一种很危险的做法，不论关系好到什么程度，都要有所保留，切勿一时冲动，感情用事，该说不该说的都说出去，谁都不能保证自己不犯错误，一旦有人不小心公布了你不想公布于众的信息，吃苦果的就是你。

C 型的人

你生性活泼，是个开朗的阳光型且非常乐于帮助别人的人。但是你有一个致命的缺点，就是时常在不经意之间说出不该说的话，时间久了别人会认为你很冲动，很不成熟，说话办事不经过大脑。

D 型的人

你是一个非常善于思考的人，对人对事都会有一个细致的认识和分析，而且你对于自己的言行举止要求也很严格，不会轻易出错，即便是有人想加害于你，也很难办到。因此，你的冲动指数非常低，是个值得信赖的人。但是，戒备之心莫要太过分，这会让你很难交到知心朋友。

〖心理瑜伽第 9 式〗

1. 美人重要，江山更重要

相传，中国古代的四大妖女分别是：妺喜、妲己、褒姒、骊姬。这些人之所以被后世称作是“妖女”，并不是说她们是妖精，祸国殃民，而是因为天生丽质，加上那么一点儿心计，得到了帝王的宠幸。其实，仔细想来，一国之君倘若自身修养不够，是非不分，沉浸于“花香”之中不理国事，对臣子上书不闻不问，坏了国家大事，以至于丢了江山社稷，残害了黎民百姓，甚至连自己的命都保不住，这足以说明他们不配当一国之君，更不配身为一个顶天立地的男儿吗？把责任推到女人的身上，不过是历史的推脱之词罢了。

有些道理其实未必放之四海而皆准，就像上述的“红颜祸水”，红颜未必都是祸水，真正的祸水应当是男人们的好色之心，这种生理上的冲动一旦控制好了，不令自己淹没其中不能自拔，那么，江山美人皆可得。

2. 脾气要用在刀刃上

《三国演义》第三十八回说到，刘玄德两次去茅庐求见诸葛孔明不得，二位兄弟甚是愤怒，认为孔明故意捉弄他们，太过清高，不可一世，连皇室宗亲亲自求见都不放在眼里，甚是嚣张。当他们第三次求见孔明时，正巧孔明在午休，玄德命二位兄弟同他在外等候，先生睡醒方可进见，张飞却沉不住气，险些坏了大事。

书中写道：

半晌，先生未醒。关、张在外立久，不见动静，入见玄德犹然侍立。张飞大怒，谓云长曰：“这先生如何傲慢！见我哥哥侍立阶下，他竟高卧，推睡不起！等我去屋后放一把火，看他起不起！”

假如当时没有人阻止张飞的冲动，果真烧了孔明的草堂，结果可想而知。倘若求贤心切却又经不起考验，真的难成大事。

男人，可以有脾气，应该有魄力，也可以用手段，然而更应当大气沉稳，经得起各种考验。将脾气用在刀刃上，用大智慧博得众人的信赖与拥戴，而不是用冲动、激烈和暴力令他人畏惧，因为那种屈服并不是臣服于你，更不能表明你真正得到了民心。恶性的循环，最终带给你的只会是惨败。

心理瑜伽第二学期：感悟生命的真谛

第10堂：不要生活在别人的皮鞭下

每个人都希望按照自己的想法和进度独立地完成事务，不喜欢别人过多地干预，更不希望自己被强加上别人的意志。但在生活中，很多事并不能如我们所料，既然来了，就不得不去坚强面对，最典型的故事，莫过于我们上学时读过的《唐雎不辱使命》一文。

大国秦王给安陵君下命令："我要用五百里的土地交换安陵！"安陵君不能答应，这明明是秦王想用"不战"的战术将安陵小国占领的骗局。但安陵一个五十里地小国，不能硬拼，只能使用外交手段，决定派唐雎出秦。临危受命啊，唐雎毅然决然地去了。

唐雎去了后，自然不能答应秦王的条件，秦王发飙了，威胁道："天子发怒可以让百万人死亡，血流千里。"唐雎回答秦王："有胆识的平民发怒会让上天有征兆：从前专诸刺杀吴王僚，慧星的尾巴扫过月亮：聂政刺杀朝傀。一道白光直冲太阳：要离刺杀庆忌，苍鹰扑到宫殿上，我今天要做这第四个平民，我们两人会倒下，血流五步，天下人都会穿丧服！"

说完拔剑而起。秦王一看吓得变了脸色，忙跪地道歉，并敬佩地对唐雎说："韩国、魏国灭亡，但安陵却凭五十里的土地幸存下来的原因，只因为有先生在啊！"

历史过去这么多年，这个故事依旧有鼓舞人心的力量，唐雎那种凛然不可侵犯的独立人格和自强的精神值得我们学习。生活在今天的我们，也应该铸就一种积极上进的精神，自动自发，加强执行力，靠自己的能力全力以赴地完成各种任务。

凡事靠自觉，不要给自己的懒惰找借口；学会独立，变得强大，如此，你才会得到一种不受制于人的资本。所以，如果你对他人的干预和指点表示厌恶，那就自己掌握主动权，主动做事，独立思考，做出一番业绩来。

大学刚毕业时，任小萍曾在英国大使馆做过一阵子接线员。当时很多人都觉得这是一个没有前途的工作，但是任小萍却从没有看轻过这份工作，她很满足，并且一直很努力地工作。她将使馆中所有的人及其家属的姓名、联系方式、工作职责等信息牢记在心，所以，即便是有一些打进电话的人对于自己要找的人并不是特别清楚，任小萍也会通过提问题引导他们的方式，在记忆中进行筛选，最终帮他们找到要找的人。

由于任小萍超常的记忆、准确的表述、强大的能动性以及认真负责的处事态度，很快就博得了使馆人员的信任。每当他们需要外出，都会把自己的行程告诉任小萍，而不是他们各自的翻译。

后来，使馆人员的私事也都委托给她，她俨然成了使馆里的总秘书。之后，又因工作出色，任小萍受到了大使极大的赞扬。没过多久，她就被破格提拔，成为英国某大报首席记者的翻译。

首席记者是个战功累累且脾气暴躁的老太太，之前赶走了不少翻译。但是任小萍上任之后，却颠覆了此前首席记者对翻译的印象，任小萍依然将主动权掌握在自己手中，勤恳地工作，任劳任怨，从不找理由推脱难度大的任务。

一年之后，老太太对外声称，她的翻译比任何人的翻译都要好上十倍。

很多老板都跟自己的员工说：能力等于执行力。一家公司并不看重一个人的过去，不论其学历高低、专业程度、经验如何，都不能代表一个人的将来。一个人真正的实力大都体现在他观察的敏锐度、思维的灵活度以及执行任务时的态度和效果等方面。

执行力是踏踏实实干出来的，而不是想出来的。这个世上本就没有免费的午餐，所以，最好不要抱有不劳而获的侥幸心理，不要妄想踏着别人铺好的道路走向成功。将主动权把握在自己手里，挣脱他人的保护。就像温室里的花朵，只要走出温室，鼓起勇气面对外界的风吹雨淋，才能在天空放晴之后，变得更加挺拔，更加富有生命力。

〖测测你的工作态度〗

据科学家分析证实，一般情况下，人的专心程度都是和成功几率成正比的。因此，一个人是否有自主性，是不是无需别人督促和指引就能够做好工作，取决于有没有良好的心态。现在就来测试一下，根据后面的解析来分析你目前的工作态度。

很长时间都没有去钓鱼了，今天正巧有一个伙伴要跟你一同去钓鱼，你会选择去哪儿？

A．山谷的小溪边

B．海岸边

C．人工鱼池

D．出海

答案解析：

选 A：

选择山谷的小溪边，说明你贪恋山谷的美景，没有把注意力全部集中在钓鱼上。而透过这个选项可以侧面地知道，你的眼界很宽，目光放得很长远，对工作企划也有自己独特的见解，你甚至能将一个月以后的行程提前安排好。但是你需要注意一点，做事要有冲劲，不要太过保守，以免无法全身心地投入。

选 B：

海岸边那些躲藏在岩缝里的小鱼是你捕捉的目标，它们虽然只是小鱼，但群体庞大，数量很可观。选择此项答案说明你是个讲究投资回报率的人，你总会想方设法用最少的投资换回最大的利润，所以，你很有做生意的潜质。

选 C：

对于没有把握的事情，你从来不去冒险，只打有把握的仗。你很会推销自己，而且头脑冷静，思维活跃。但是在商业职场上，不建议你过分地表现自己，过于锋芒毕露，这样会给别人造成很多不愉快。所以，好好表现自己的同时，也不要抢了别人的战功，不然，人脉关系处理不好，也会给你带来不小的麻烦。

选 D：

你是一个不折不扣的工作狂，总会很拼命，这种感觉就像是搭载一艘快艇，乘风破浪的快感让你精神百倍。如果你能通过自己的策划来工作，有一定的主见，而不是一味地听从别人的指示，再加上你对工作本来就有的激情，那就更好了。

〖心理瑜伽第10式〗

1. 每个人的生命中都有一个贵人，那就是自己

有一个有趣的典故，说江淹年轻时有一次梦见有个神仙送他一支神奇的五彩笔，从那以后，江淹就变得文采飞扬，他写的文章被众人称赞，他也由此得到了很大的满足。

很多年过去了，一天，人到中年的他又梦见了那位神仙，然而神仙把那支神笔收回去了。醒来之后，江淹发现自己撰文的能力大大降低，再也无法创作。

或许很多人会认为故事中的神仙太小气，既然给予别人，为何中途收回？在现实生活中，我们也会遇到这样的一类人，明明许下承诺，之后却又矢口否认；明明答应，却还会反悔。

其实，历史的真相并非如此。江淹年轻时是个很有学识的人，由于他给很多人解析过竹简上的古字，所以，他的才华很快就闻名于天下了。因此，他还得到了南朝梁武帝梁衍的赏识，被封为光禄大夫。

后来，官运亨通的江淹再也懒得创作，只是偶尔拿起笔来随意写几句生硬乏味的文字。

由此可见，江淹的才气之所以会消失，并不像传说中的那样。一个人的才气是谁都夺不走的，唯有自身的懒惰和放弃，才能使俗气覆盖了才气，使人变得不思进取。也就是说，这个传说，只是江淹为自己的懒惰找托辞罢了。

可见，惰性足以毁灭一个有天分的人，一旦整个人变得被动起来，逆来顺受，就会像一个停止旋转的陀螺，唯有别人的鞭打，才能使其重新转动起来。如此，自己的生命就变成了他人的生命，失去了自我的价值。

要知道，只有自己的力量才能支撑起美好的未来，也只有自己才是自己的贵人，只有对自己不断勉励，自动自发，才能最终成就大业，成为自己心目中的伟人。

2. 自救以得救，自强以得强

天上下着瓢泼大雨，有个男人在屋檐下避雨。此时，他看到有位禅师打着雨伞走来，便将其叫住，表示希望禅师度他一程。

禅师在这个男人脸上瞄了一眼，说："我在雨里，你在屋檐下，为什么还要

我度你呢？”

于是男人跑过去，站在雨中说：“现在我也在雨里了，你可以度我了吗？”

禅师笑了，说：“你我现在都在雨中，我没有被淋湿是因为我有雨伞，也就是说，是我的伞度我。你没有打伞，所以淋湿了。如果你要寻求帮助，最好自己去找把伞吧。”

男人气坏了，说：“真难缠，既然不愿意帮我，何必啰唆！你是不是修行之人啊？说什么‘普度众生’，我看是‘专度自己’！”

禅师并没有生气，心平气和地解释道：“若想不淋雨，你就要自己想办法。这些天几乎天天都下雨，你居然都没提前做好准备。雨季不带伞，只想着别人肯定有所准备，所以你就去请别人为你遮风避雨。可是每个人的伞都只能容得下自己，你凭什么会想当然地认为，别人会心甘情愿地照顾你呢？被淋湿的，就应当是你这种人。”

子曰：“君子求诸己，小人求诸人。”其实，只想叫别人来帮助自己的想法最害人，最终必然坑了自己，所以，我们必须正视命运，主动迎接生活给予的挑战，自己照顾自己，不去指望别人为自己保驾护航，遮风避雨。

第11堂：收起你握紧的拳头

赛勒斯有一句名言：“如果你握紧一双拳头来见我，我保证我的拳头会握得比你还紧。”每当人们受到攻击或遭到侵犯时，都会维护自己，所以会在一瞬间变得浑身是刺，怒气冲天。但是，火药味十足的气氛往往会导致很多不必要的恶战，而这种行为的后果只能是两败俱伤。

假如生气并不能帮你解决任何问题，那就尽可能控制好自己的情绪；假如动手并不能为你带来一点儿好处，反倒引火上身，招致更多麻烦，那么就请你收起握紧的拳头，甚至背后的利器。因为那些举动，那些情绪，实质都是浪费时间。

林肯曾在《春田日报》上发表过一封匿名信嘲弄一位名叫詹姆士·席尔斯的政客，使得这位政客成了全镇的笑料。他的讽刺激怒了自负高傲而又敏感的席尔斯，在查出匿名人身份之后，席尔斯下战书要求跟林肯决斗，林肯为了维护自己的尊严，不得不接受挑战。

二人在密西西比河岸正要开战的时候，有人站出来阻止了悲剧的发生，决斗偃旗息鼓。从那以后，林肯懂得了人与人相处的艺术，不再写信骂人和嘲弄人，也不再为任何事指责别人，这让他最终成为了世人尊重敬仰的伟人。

其实在林肯身上，还有过这样的一件事情：

在盖茨堡战役当中，当李将军带着败兵逃到波多马克河边时，发现自己把军队带到了一个进退两难的绝境。此时，林肯自信地认为这是天赐良机，消灭他们简直易如反掌，于是给米地将军下了一道命令，要他立刻出击，歼灭敌军。没想到米地将军完全违背了指令，先是通知大家召开紧急军事会议，然后犹豫再三，用各种借口拒打李将军，导致后来李将军的军队顺利南逃。

事后，林肯勃然大怒，对着自己的儿子罗伯特发泄不满，说战局已定，胜利就在眼前，米地将军却故意拖延时间，以至于错失良机，眼看着一场漂亮的胜仗没了希望，让人既失望又气愤。

发泄过后的林肯依然抑制不住心中的愤怒，给米地将军写了一封信，态度十分强硬，文字非常犀利。当然，此时的林肯在言论和措辞上都比很多年前委婉得多，只是即便如此，我们也能想象当米地看完这封信时，会有什么样的表现和心理感受。但米地将军自始至终都很平静，因为他根本没有见到这封信，林肯写完这封信之后，心中的怒火已经发泄完，所以并没有把信寄给米地将军，这封信是林肯死后，别人在他的一堆旧文件中找到的。

林肯之所以会这么做，是因为之前受到的教训告诉他：对他人尖锐的攻击，犀利的指责，都是在做无用功，所以他最终还是将这封信寄给了自己，保留了火气，也保住了一员大将。

很多时候，同一件事会因为人们不同的态度导致不同的结果，假如有人冒犯了你，你没有立即动粗，而是送他一个绅士的微笑，然后心平气和地解释，站在对方的角度思考，很多事情就都会迎刃而解了，很多冲突和不必要的祸患，也可以避免。

〖测测你的暴力倾向指数〗

1．在你写博客时，电脑突然死机，你会不会气得敲坏电脑？

A. 会，并且不再去写了——转到 2

B. 不会，只是心里不爽——转到 3

2．独自坐在山顶的时候，你会不会想要烧掉森林？

A. 会——转到 4

B. 不会——转到 5

3．你很害怕别人评论你吗？

A. 不是，不论评价是好是坏——转到 6

B. 是——转到 7

4．有人说过你很情绪化，很极端，难以相处吗？

A. 有，我明知不好却也改不掉——转到 8

B. 没有——转到 5

5．你相信异性之间存在真正纯洁的友情吗？

A. 应该会有，但不多见——转到 7

B. 应该没有——转到 8

6．你认为你的真心朋友多吗？

A. 不多——转到 7

B. 不多不少，还可以——转到 9

7．当你被人公开抬杠的时候你会怎么办？

A. 立竿见影，怒发冲冠——转到 9

B. 震撼之后立刻冷静下来，比较理智——转到 10

8．伤害心上人被你视为一种权利吗？

A. 是的——A 型

B. 不会，很多时候的伤害都是无心的——转到 9

9．你是那种固执己见，且容不得别人意见的人吗？

A. 是的——B 型

B. 不算是，好说好商量——转到 10

10．你是否总觉得自己已经很完美了？

A. 有一点这种想法，因为别人都不比我强——C 型

B. 比较有自信，不过也不至于这么高傲，无视他人——D 型

答案解析：

A 型人，暴力指数：90%

你的心情总是很容易随外界环境而改变，甚至有时还会有大起大落，做出极端的事。你的个性导致了他人总是对你敬而远之，这样很容易把自己置于一个孤独的境地。

B 型人，暴力指数：70%

你的暴力倾向大都是因感情问题而起。你有时会变得很敏感，容易钻牛角尖，所以，只要你发现另一半做出令你反感的事，或者有背叛你的倾向，你就会变得很不理智，容易出现极端的作为。

C 型人，暴力指数：50%

如果没有人故意激怒你，你会是一个很理智的人。有时你会太过坚定自己的看法，所以不知不觉中，你已经将自己陷进理性的陷阱。

D 型人，暴力指数：30%

你是一个感情脆弱的人，遇到不合理的事情，也多半只是将情绪压抑下去，独自承受痛苦，这样的个性使你感觉自己活得很累，在工作期间或是其他必要场合，还是会不可避免地与很多人打交道，这时因为你的过分软弱而总是被人欺负，如此，会导致你的压力越来越大，直到无法继续忍受。

〖心理瑜伽第 11 式〗

1. 暴力，刻薄，不会让你赢得胜利

你真的很想挑起一场令人终生难忘的恶战，然后获得他人终生的怨恨吗？那么你只需发表一句刁钻刻薄的评价，或者给人一记耳光、一个拳头就可以了。

我们必须清楚地认识到，在现实生活当中，所有的人都不是绝对理性的，每个人都有自己的态度和思想，甚至有些还相当自负。所以，当我们在面对这些人的时候，只有确保自己的冷静和圆滑，才能解决一些实际性的问题。

本杰明·富兰克林年轻时并不善于为人处世，后来却变成一个交际能手，他的成功秘诀是什么呢？一句话：不说别人的坏话，只说大家的好处。

富兰克林曾被选为宾夕法尼亚州议会秘书。之前却在一次演讲中被某位新议员骂得狗血淋头。富兰克林当时气得热血直冲脑门，但却没有对其动粗。他考虑到，假如对其进行人身攻击，后果多半会导致双方情绪的恶化，甚至会以两败俱伤收场。

富兰克林是个很有学问且有思想的人，他没有使用暴力去征服那位议员，也没有阿谀奉承来讨得议员的欢心，而是用真诚恳切的态度去感动对方。

一次，他听说那位议员珍藏了几部好书，就给议员写了封信，请求借阅几本书。之后议员果真把书送来了。一周后，他把书还给议员，还写了一封信向议员表示感谢。

后来，当两人在会议室再次相遇时，议员居然主动上前来与富兰克林亲切问候，并且友好地交谈，这位议员表示会大力支持富兰克林，富兰克林真正俘虏了议员的心。

很多蠢透了的人只会批评、指责和抱怨他人，甚至有的还会用暴力行为来恐吓他人，这只能显示他们的无能；睿智的成功人士则从来不会一味地将全部责任推给他人，而是善解人意，懂得宽恕他人，找到解决问题的关键，然后鼓励和支持他人，从而达到他的目的。

2. “伟人是从对待小人物的行为中，显示其伟大。”

著名试飞驾驶员鲍伯·胡佛以自己在空中表演特技的功夫为荣。

一次，他从圣地亚哥表演完，准备飞回洛杉矶。就在距离地面300英尺的高度时，突然两个引擎同时发生故障，情况不妙，形势危急，但是胡佛没有紧张，他反应灵敏，将飞机掌握在自己的手中，最后安全降落，无一人伤亡，只是机身面目全非，损失重大。

之后，胡佛在检查飞机用油时发现那架二战期间的螺旋桨飞机里装的是喷射机用油，正是这样的疏忽毁了一架昂贵的飞机，甚至差点葬送了3人的性命。

负责保养飞机的年轻机械工为自己犯下的严重错误自责不已，见到胡佛便泪流不止。如此不谨慎的维护工应当受到痛责，甚至开除，但胡佛并没有用暴力的行为或激烈的语言来对待他，而是伸出手臂，搂住工人的肩膀说："为了证明你不再犯同样的错误，我要你明天起，帮我的F51飞机做修护工作。"

正是这句话令工人重新振作起来，从那以后，但凡这位工人维修过的飞机，再也没有出现任何故障。

卡耐基在《人性的弱点》一书中讲道："如要采蜜，不可弄翻蜂巢。"每个人都应该尽量去了解他人的心理，遇事想想对方为什么会这样做，初衷会是什么，问题出现在哪里……尽可能设身处地地站在他人的立场上思考问题，只要做到这一点，那么很多问题就可以迎刃而解了。

第12堂：人可有傲骨，不可有傲气

相传犹太人是这个世上最热爱学习的人，孩子出生之后，他们会将书的每一页洒上蜂蜜让孩子舔，以此告诉孩子，书是甜的，人应该不断学习和自我完善。他们非常重视教育，并鄙视自大之人，他们认为，当人骄傲自负时，会失去他本应具备的谦虚和积极向上的念头，很容易犯错。

当今社会，很多人都以自我为中心，意识不到，或者接受不了自己在别人心目中稍逊的地位。实际上，任何一个人都是独立的个体，谁离了谁都能活，所以，你大可不必因为别人对自己的漠不关心而伤心失落，因为没有你，太阳照样东升西落。

《创世纪》中曾这样描述：神创造了光明和黑暗，分割开了天空和大地，将地面划分为水和陆，然后开始为大地孕育生命，最终，带来了人类的鼻祖——亚当和夏娃。所以，即便是不起眼的跳蚤都比人类早到这个世界，如此看来，人还有什么了不起的呢？

有这样一则有趣的故事：一位从事神圣工作的拉比正在假寐，身旁坐着几个信徒，小声讨论着拉比高尚的品格。

"他是那么的虔诚，我敢说在整个波兰再也找不出第二个像他那样高尚的人！"信徒甲激动地说。

"是啊，他能给人无私的爱和施舍，谁能比他更仁慈？没有！"信徒乙也心潮澎湃地说。

“他那温和的脾气更是难能可贵，难道有谁见过他肆意冲人发脾气吗？”信徒丙两眼发光。

“他是那样的博学多才，简直就是拉什第二！”信徒丁用圣歌般的语调说。

之后信徒们陷入了沉默，拉比睁开了一只眼睛，用无辜的神态望着信徒们说：“为什么没有人注意到我的谦虚？”

这则故事名叫《谦虚的拉比》，寓意就是讽刺毫不谦虚的蠢人。

骄傲自大，是罪恶的捷径，唯有有骨气的人，才是值得众人称赞和效法的。

“人不可有傲气，但不可无傲骨”是国画大师徐悲鸿先生的座右铭。在法国留学期间，他虚心好学，成绩优异，不仅在绘画上技高一筹，还发扬了我国的民族气节。因为当时的中国不够强大，因此，他曾遭到外国人的歧视，在面对各种挑衅时，他毫不留情面地反唇相讥，最终令诸多外国人为他竖起了大拇指。

他 20 岁成名，有位法国犹太富翁很欣赏他，邀请他去“哈同花园”画像，但面对优厚的待遇，徐悲鸿却断然拒绝。回国后，面对高官厚禄，徐悲鸿婉言拒绝，对于政治上的压力，他也绝不屈服，坚决不为蒋介石画像。他始终坚持自己的信条，走自己的路，用实际行动为国争光，为民族争光。

傲骨没有形态，它是一种气节，一种精神的内在表现；傲气，则会显得盛气凌人，哗众取宠，没有深刻的内涵。有傲骨的人给人以亲近感，一种力量和尊严；而有傲气的人却使人难以接受，敬而远之，不敢苟同。

〖测测你是不是傲慢自大的人〗

一、根据近两个月的表现，回忆一下自己经常会有以下这几种情况吗？以此来判断你的傲慢程度。

1. 你是否想当然地认为没必要重视比你资历浅的人，而且对他们总是爱答不理？

A. 是　　　　B . 否

2. 在与比你职务低的人进行交流时，你有过心不在焉吗？

A . 是　　　　B . 否

3. 你会瞧不起不如你有钱的人吗？

A．是　　　　B．否

4. 别人都完成了任务而你没有，你会不会很不开心？

A．是　　　　B．否

5. 假如终有一日，你熬出头了，成绩令人羡慕，你会不会趾高气扬，看低别人？

A．是　　　　B．否

6. 你会看不起外表不如你的人吗？

A．是　　　　B．否

7. 如果有一天你当上了领导，你会看不惯以前的同事们吗？

A．是　　　　B．否

8. 你会相当鄙视能力不如你的人吗？

A．是　　　　B．否

请你凭借第一感觉自然真实地写出以上 8 个问题的答案，然后根据结果显示，自测你的傲慢程度。

如果结果出现 2 个以上“是”的话，说明你有傲慢心理，应及时进行自我调节，摆正心态，完善人格。

二、你在植物园里发现一处美丽的花圃，你会选择什么样的景色拍照呢？

A. 花树下

B. 花圃中

C. 左右对称的花前

D. 大朵花前面

答案解析：

A. 花树下

你是一个较为内向的人，即便是有话要说，也会很犹豫，显得不自信，没有自我。

与他人相处，你总是会去迁就对方，别人会说你很随和，但是，人还是要有独立的思考和见解。

B. 花圃中

你是一个比较体贴的人，做事之前都会考虑到别人的感受，所以，你总能抑制住自己的情绪，不会太过自我膨胀。

C. 左右对称的花前

有一点自以为是的你个性比较随意，从平时的行动上看，你还比较任性，这让身边的人觉得你喜欢卖弄自己。但这只是你的个性，并非故意的，或许忍耐会令你不爽，但人际关系在生活中扮演的角色还是至关重要的。

D. 大朵花前面

你总是以自我为中心，独断独行，如果有人违背你的意愿去办事，便会引起你极度的不满。在你的世界里，任何人都是围绕着你，守护着你，支持着你的，你有很强大的自我优越感。

〖心理瑜伽第12式〗

1. 不为五斗米折腰

中国自古以来，气节都是十分重要的，很多名人志士为保气节不惜牺牲自己的诸多利益，甚至生命。不为五斗米折腰的陶渊明就是其中一个。

四十有一的陶渊明一直想要归隐山林，但还是在朋友的劝说下出任了彭泽县令。一次，县里派督邮来了解情况，陶渊明被告知面见大臣需穿戴整齐，还要恭恭敬敬地去迎接。当他了解到前来视察的督邮为人不端还总是自命不凡，觉得十分不满，于是气愤地说道："为了这小小县令的五斗俸禄就向那些人低声下气去献殷勤，我不干了。"说罢，便辞去官职，回家了。

陶渊明不为五斗米折腰，不仅让心灵得到了解放，也保全了人格和尊严，最终流芳百世，成为了后世有志之士的楷模。

当今很多拥有高学历高素质的年轻人跟曾经的陶渊明一样，有责任心，有远大的理想，在实践的过程中经受了各种考验。他们从不轻易地卑躬屈膝，即便有人用优厚的待遇来诱惑，只要违背做人原则，他们都会予以拒绝。

人活在这个世上，一定要捍卫自己的人格和尊严，守住自己的骨气。可以这样说，只有不为五斗米折腰的男人，才是真正顶天立地的男人。

2. 傲气是心胸狭窄的表现，傲骨是内心坦荡的诠释

儿时学过一篇叫做《骄傲的孔雀》的课文，讲的是有一只美丽的孔雀，因

为过分欣赏自己而变得无比傲气，瞧不起其他小动物。

一天，骄傲的孔雀又在跟同伴们炫耀自己美丽的尾巴，它找到大公鸡，然后撑开自己色彩艳丽的尾巴，大公鸡无论如何也做不到这一点，于是懊恼地说："你若有本事，就跟我比唱歌！"

孔雀暗自偷笑：比就比，你当我怕你呢。

谁承想大公鸡的歌声嘹亮悦耳，非常动听，而骄傲的孔雀试了那么多遍却一个调也唱不出来。

沮丧的孔雀回去后觉得不甘心，随后又向猴子下了挑战书。猴子莫名其妙，问它比什么，骄傲的孔雀说比谁的尾巴漂亮。

结果可想而知，小猴子的尾巴是无论如何也不可能像孔雀那样撑起来的。

于是小猴子不服气地说："你有能耐就跟我比爬树！"

小猴子很轻松地爬到了树上，孔雀却只能干着急。

经过这两次受挫，骄傲的孔雀终于意识到，自然界的每一个成员都有自己的一套本领，自己没有理由瞧不起它们当中的任何一个，于是感觉十分惭愧。

其实，很多人在成长的过程中都会渐渐明白这样一个道理：这个世上的每个人都有各自不同的特点，谁也不能瞧不起谁，或许你有的才能，别人没有；但别人拥有的本领，你可能也没有。

人在每个年龄段都会得到相应的教育，家庭背景、教育背景、社会阅历等一系列加起来，这就是一个人所拥有的资本。每个人都是一杯不同的饮料，有的是绿茶：清香，解渴；有的人是可乐：清爽，宜人；有的是奶茶：温馨，甜美；有的则是白水：透明，纯真……互相之间没有太多的可比性，谁都没有理由嘲笑谁的成色和味道，谁都不能断定谁是好的谁是差的，只能说每一种饮料给人的感觉不同，只有当它被一个需要它的人所拥有的时候，才能体现出它的最大价值。

傲气是心胸狭窄的表现，而傲骨是内心坦荡的诠释。没有谁的自大能够掩盖别人的才华，但一个人的傲骨却能够感染更多的人，使他们超越自我，实现自己的价值。所以，只要你能接受他人的优势，虚心学习，从而完善自我，提高自我，给自己一个明确的定位，终有一日，也可以拥有货真价实的成就。

第13堂：生气不如争气

人争一口气，佛受一炷香。每个人都渴望得到别人的认可和重视，但是有时候我们难免会遭遇到他人的冷嘲热讽和排挤，甚至人格上的侮辱。生命在赐予我们美好的同时，也给了我们黑暗的一角；上天在给我们快乐的同时，也会让我们拥有某些激烈的情绪。这，就是生活，就是人生。

在追逐梦想的路途中，每个人都会遇到各种困难，倘若我们把时间全都耽搁在了斤斤计较、抱怨、气愤、悲哀等情绪上，不愿意去接受，去面对，那么最终损失的、受伤害的只能是我们自己。

聪明的人之所以聪明，关键就在于他有着良好的心态，对自己有一个准确的定位。假如你也想变得聪明，那就先学会争气，用一颗上进的心不断激励自己，如此，你才能够出类拔萃。

一个高中毕业就去参军的年轻人，退伍后因为没有一技之长，一直没有找到合适的工作。经过很长时间的奔波，他终于在一家印刷厂做了送货员，算是暂时安顿下来了。

一天，年轻人准备将四五十捆书运往某大学七楼的办公室，就在他提着其中两三捆书准备进电梯的时候，被一个五十多岁的保安阻止了。保安轻蔑地告诉他，不是该校的教授或教师，不能乘坐此电梯，只能走楼梯。

年轻人很生气地说："这些书都是学校订的，我是来送书的。"他心想：难不成学校求人要书，我们还得好生伺候着，这是哪门子道理？他跟保安周旋了半天，一点儿商量的余地都没有，为了守信，他只得一点一点地把书从一楼扛到七楼。

回去后，年轻人思索良久，为了不再让人瞧不起，他选择了放弃工作，购买大量的教科书刻苦自学。一年后，他考上了某大学的医学院。二十多年之后，他成了市级一所甲级医院的主治医生，治愈了无数在痛苦中挣扎的病人。

或许你受过很多委屈，你愤愤不平，抱怨社会没有公平公正，恨领导不重视人才只重视金钱以及别人奉上的各种满足他们欲望的条件。你内心纠结，却什么都改变不了，只能自顾自地垂泪叹息，无尽的抑郁和愤懑席卷而来，充斥着你的大脑，一切不满情绪促使你将自己逐渐推向崩溃的边缘……

在这个时候，你除了抱怨和生气，更需要检讨一下自己，自己努力过吗？拼搏过吗？难道不停地抱怨会给我们带来希望吗？答案是：不可能。人，只有狠下心来争争气，驾驭现实并咬紧牙关向前冲，才会有获得胜利的希望。

当今社会有很多人，因为别人得到了自己梦寐以求的东西而眼红，愤怒，甚至怨恨。俗话说早起的鸟儿有虫吃，当你因为别人没有给你留下“一条虫”而不满时，是不是也应该将目光转向自身，想想是不是自己比其他人起得更早，就能得到最肥美的“虫子”了呢？

很多事并非不可逾越，很多人也不是难以赶超，只要你还有骨气，年龄、学历、知识、技术……这些都不是问题，一切都还不晚，只要你肯争口气，将生气的能耐全部投入到自我完善中去，你就一定能成功。

〖测测你的生气指数〗

比较以下这几种自然界的水，你最喜欢哪一种？

A．湖水

B．瀑布水

C．河水

D．溪水

E．海水

答案解析：

你是不是很容易被激怒？你生气时都有什么样的表现？通过以上测试，你可以对自己的某方面缺点有一个大致的了解，随后默记心中的答案，查看以下解析：

A. 湖水（生气指数 20 分）

你有很高的修养，心胸宽阔，能够包容很多人和事，所以平时基本不会发脾气，当你遇到不平事时，多半也只是淡然一笑，不往心里去。

他人与你作对，对你发无名火，这在某种程度上还能满足你对自身的优越感，你会认为他们是因为嫉妒你才会如此挑战你的极限。

B. 瀑布水（生气指数：40 分）

你不会随随便便冲别人发脾气，你总会按捺心中的愤怒，压抑自己，但是，长此以往，情绪积累到一定程度时，就会有爆发的危险，令身边的人不知所措。

C. 河水（生气指数：50 分）

你一般不会随便发脾气，但是你的个性阴险，会暗地里记下遭受过的不平，常言道："君子报仇十年不晚"，你会在受气之后找寻各种机会，给对方设置陷阱，眼看着对方深陷其中，犯下大错，然后暗自得意。倘若对方不服，你还会趁此机会将他所有的过失细数一遍，好让他无言以对。

D. 溪水（生气指数：65 分）

你非常注重友情，很多事都会引起你过分的关注，因此，你也极容易因为一些琐碎的小事伤脑筋。你在发脾气时，总是找一些不相干的事对他人进行指责，这会让大家觉得你很小家子气。

E. 海水（生气指数：80 分）

你是个很单纯的人，直来直去，从来都不会拐弯抹角。

这样的"直肠子"有一个致命的缺点，就是容易被激怒，一怒之下就有可能伤害到很多人。然而大家并不一定了解，其实你的怒气来得快，去得也快，或许在你已经将很多事情抛在脑后的时候，别人还在伤心。

所以，跟你相处时间长的人会理解你的个性，不会太往心里去，但是跟你不熟的朋友却可能会因为受不了你的情绪化而对你敬而远之。

〖心理瑜伽第 13 式〗

1．生气，无异于用别人的错误来惩罚自己

很久之前，有一个叫爱地巴的人，他的脾气不太好，一点小事就会让他感到愤愤不平。为了改变这个坏脾气，年轻时，只要与人发生争执，他就会围着自己的土地和房子跑上三圈。

后来，爱地巴工作越来越勤奋、努力，房子越来越大，土地也越来越多，但是只要他生气时，他依然绕着更大的房子和土地跑上三圈，他的家人和朋友常常为他这种怪异的举动感到疑惑。

几十年过去了，年逾花甲的爱地巴一到生气时，依然会绕着巨大的房子和

一眼望不到边的土地跑上三圈，他的孙子实在看不下去了，怕年迈的爷爷身体吃不消，于是苦苦哀求他不要再这样下去。

爱地巴最后终于道出了心中的秘密，他说："年轻时我绕着房子和土地跑，就会发现自己的房子和土地这么小，还有什么资格跟人发脾气？于是我就努力工作；现在我围着房子和土地跑，又发现自己的房子和土地这么大，我没必要和别人生气。生气，无异于拿别人的错误来惩罚自己，何必呢？"

是啊，人生苦短，幸福和快乐是享受不尽的，哪还有时间用来生气呢？一个人让自己快乐的最好办法就是争气，去做得比别人更好，让自己变得更加强大。

假如有什么事真的让我们感到愤怒，那么我们就可以像爱地巴一样绕着自己的"房子"和"土地"跑上三圈，然后反思自己，改变自己。

2. 控制自己，成就大事

一个人，有思想，有主见，不与世沉浮，是难能可贵的。然而一旦变得固执己见，容不下他人的见解，就会逐渐被群体隔离，被他人疏远。此时的你假如依然清高地认为，高层次的人，注定会孤独，那么你的人生将会是一种悲剧。毕竟，谁都不能"茕茕孑立，形影相吊"地度过一生。

很多事实均证明，死守一隅，拿自己的偏见当做真理而执迷不悟的作为，不论对自己还是对他人，都是一种残忍，就像固执己见的关羽。

我们都知道，关羽是名大将，但他却有着致命的弱点，那就是太过清高。当时，关羽坚决背离诸葛亮"北据曹操，南和孙权"的战略，当孙权派人来见关羽，为儿子求亲的时候，关羽大怒，不仅坚决反对自己女儿嫁给孙权的儿子，还让孙权下不来台，这才导致了后来吴蜀两家兵刃相见，关羽败走麦城，并最终惨死。

傲视一世，目空一切的关羽，除大哥、三弟以外的人几乎都不被他放在眼里，如此，所有被他轻蔑甚至侮辱的人都对他又恨又怕，以至于最后的危急关头，当他陷入绝境时，没有人向他伸出援助之手，而是一个个眼睁睁地看着他走向毁灭。

性格上的偏激，其实是一种心理疾病，在为人处世当中的负面影响不可小视。所以，一个成功的人，必须是一个成熟的人，一个学会控制自己的人。这样才会在遇到任何事情的时候，及时调整心态，大气沉稳，处变不惊，不轻易显露自己的情绪，即便内心已经火冒三丈，也会尽量保持心平气和，漂漂亮亮地解决一个又一个难题。

第 14 堂：计较越多，快乐越少

美国成人教育之父戴尔·卡耐基认为，很多人都会为一点小事斤斤计较，弄得自己很不开心。人生在世，短短数十年，如果将大部分精力都花在鸡毛蒜皮的小事上，的确会造成很大的浪费。

时代在进步，社会在发展，然而在现实生活中，很多人快乐的感觉却越来越少，压力、抑郁、野心等，无时无刻不充斥着人们的每一根神经，让人们变得机械化，冷血化，狭隘化，在外人面前逢场作戏，佯装欢笑，唯有一个人时，才能卸下所有面具，恢复仅有的一点点真实。

大学生不快乐，上班族也不快乐；缺钱不高兴，“穷”得只剩钱的也不高兴；进不了官场的失落，当了官的又因为公务缠身变得更提不起精神；单身一人的心里难受，有了另一半的，依然找不到幸福感……

快乐、幸福对于人们来说，似乎渐行渐远，遥不可及。似乎突然之间，人们不再理解这些词语的含义，深陷在对自我、对生活的质疑中，就像遇见一道难度很大的数学题，大家都在思索，却一直没能找出答案。

有个 16 岁的少年在拜访一位年长的智者时说：“我怎样才能让自己和他人都变得开心快乐呢？”

智者笑了，说：“孩子，很难得你那么年轻就会有这种觉悟。”

于是，智者送给少年四句话：

第一句，把自己当成别人；第二句，把别人当成自己；第三句，把别人当成别人；第四句，把自己当成自己。

前三句话，少年都给出了令智者满意的解释：

“把自己当成别人”，意思是说，在你感觉到痛苦的时候，不妨把自己视为别人，这样，心中的痛苦自然会减轻。当你万分欣喜之时，同样把自己视为别人，没人会因为别人的喜事那么激动，所以，就会变得淡定从容。

不以物喜，不以己悲，不计较得失荣辱，内心就能得到安宁；喜事来临，也泰然处之，保持平和心态，生活就充满温馨。

“把别人当成自己”，是指自己要有同情心，愿意设身处地地为他人着想，理解他人的心声。当别人做出让自己感觉不舒服的行为时，不妨试着站在对方的立场上思考问题，也许你会发现，其实对方的作为并非恶意，而是有难言之隐。假如条件允许，你还可以给予他人力所能及的帮助。

“把别人当成别人”是说要尊重每个人的独立性，不论什么场合，或者什么情形之下，都不去侵犯他人的核心领地。即便是夫妻，也不要想当然地以为互相之间必须无所隐瞒，因为彼此的尊重、理解和信任，才是婚姻当中最为重要的。

当少年问到智者，第四句话是什么意思的时候，智者告诉他：“这句话需要用毕生的时间和精力去推敲，去理解，当你将这四句话统一起来，贯穿始终，融化在意念里，付诸在实践中，你就能得到真正的快乐。”

其实智者想说的，是让少年真正地做回自己，只有凡事不斤斤计较，心态坦诚，宽容大度，快乐才能成为生活中的主导。事实正是如此，心态决定人生，只有掌握主动权，驾驭命运，才能获得成功；被命运驾驭，则只能无条件地接受失败。

不计较个人得失，看淡别人对自己造成的伤害；当别人遇到同样情况的时候，也不幸灾乐祸，怀有一颗同情心，在别人需要时给予及时的帮助，一种成就的喜悦就会油然而生。

所以，想得到快乐，其实很简单。总结一句话：快乐的根本不在于我们拥有多少，而取决于我们是否豁达。计较越少，快乐越多。

〖测测你斤斤计较的心理指数〗

你是不是经常对很多人和事斤斤计较，耿耿于怀呢？用你的第一感觉完成以下题目，然后查看解析。

以下几种烟花，你最看好哪一种？

A. 一朵朵小簇的花

B．瀑布一般倾泻而下

C．放射状的圆形大花

D．犹如满天星斗的样子

答案解析：

选 A：你是一个老实人，心地善良的你容易被别人欺负，然而你似乎并不十分介意，你会认为别人不是欺负你，只是没有把你当外人，所以很随意。

选 B：你是一个爽朗大方的人，一般不会跟谁计较，对于那些芝麻绿豆大的事，你根本不放在心上。

选 C：你总是喜欢将事情划清界限，该是谁的就是谁的，不喜欢别人占自己的小便宜，而且还会奚落那些故作优雅大方的人。一旦发现这样的人，你便不会再与他们有任何往来。

选 D：你是一个比较敏感的人，对于一些人和事总会记得很清楚，别人对你的恶意伤害更会令你牢记在心。

〖心理瑜伽第 14 式〗

1. 想得到快乐，就不能过于计较

每个人都需要快乐，然而快乐并不取决于拥有，而是计较的程度。快乐是一种感觉，与身外之物无关。人一生要经历很多不顺心的事情，假如你遇事就要斤斤计较，不能坦然面对，还怨天尤人，那么最终受伤害的只有你自己。

诸葛亮在给儿子诸葛瞻的《诫子书》中写道："非淡泊无以明志，非宁静无以致远。"意思是：生活简单朴素，不追逐名利权贵，才能将自己的志趣变得明晰；心境安宁而又清静，不追求热闹，远大目标才得以实现。

"名利"就像一块大蛋糕，人人都想分得一块最好的，无论穷人富人，都无法抵制名利的诱惑。

《清代皇帝秘史》中记载，乾隆皇帝下江南时去过江苏镇江的金山寺。当他看到山脚下大江东去，百舸争流，兴致大发，于是向一个老和尚随口问了一句："你在这里生活了数十年，可曾计算过这里每天会有多少船只经过？"

老和尚一语道破天机，他说："众多船只我只看到两种，一种为名，一种

为利。"

俗话说"一分耕耘一分收获"，但在当前的社会中，若想功成名就，并不是只有勤奋刻苦就可以的。有些人事业心极强，在自己的工作岗位上默默地奉献青春，却从不为自己的名利费心思，自然也就没有过多烦恼；而有的人则把名利看得很重，为了得到名利而绞尽脑汁，不择手段，到头来只会心力交瘁。

诚然，名利与我们每一个人息息相关，理性地追求，也是可以理解的。但是，功名利禄的思想过于严重会使你变得脱离实际，不安于现状，会使你变得急躁，影响你的工作、学习和生活，快乐也会离你越来越远。

2. 知足，才能常乐

不知足的人，永远得不到发自内心的快乐，因为他不甘平凡，所以无法坦然面对得失和旦夕祸福。

人生在世，没必要过多计较，太过奢侈，因为奢侈的背后大都充满了报复和哀怨，甚至愤恨。每个生命降临到这个世上的时候，都是一无所有的。伴随成长，我们会得到亲情、友情、爱情，能够拥有自己的物质享受和精神思想。不论人是穷是富，高尚还是卑微，都不能将欲望置之度外。任何一个人，都只愿意无穷无尽地索取和获得，而且从来没有满足过。如此，人的心就会被变得很累，就不能体会到真正的快乐。

托尔斯泰讲过这样一个故事：

有一个人一直都很想得到一块土地，这件事被一个地主知道了，一天，地主指着一块地方对他说："你从这里往外跑，每跑一段距离就插一个旗杆，你只要在太阳落山之前赶回来，我就把旗杆圈定的土地送给你。"

那人欣喜若狂，像是捡到了极大的便宜，于是拼了命地往前跑。他总是想得到更多的土地，所以太阳偏西了他还在插旗杆。

终于，太阳落山之前，他跑回来了，但已经精疲力竭，口吐鲜血，最后摔倒在地，再也没有起来。人们挖了一个坑，将那人就地掩埋了。

牧师看着那个人的"小坟丘"，给他做祈祷说："一个人究竟需要多少地呢？其实就只有一方坟墓这么大。我们出生时，都是一无所有。生活给予我们的压力就像一个无形的包袱，压得我们喘不过气来，同时，我们也经受着各种欲望所带来的折磨。”

这个故事想必很多人都知道，它就是《一个人能拥有多少土地》。其实，托尔斯泰想告诉世人：知足，才能常乐，否则得到的越多，越无法好好生活。一个人一辈子究竟需要多少资本？一个人究竟怎么样才能满足？答案是未知的。因为人从不知道满足，总是精打细算，后果就是使自己为了蝇头小利忙得焦头烂额、坐立不安、失眠多梦、食欲不振。如此，即便是得到了很多想要的东西，也变得毫无意义了，原本健康的体魄变得弱不禁风；原本轻松喜悦的精神世界，也变得乌烟瘴气，毫无生机。

话说有一个人，对自己的生活很满足，吃饭很香，睡觉很踏实，结果日渐发福，变成一个胖子，活像个大款。这就是所谓的“心宽体胖”。其实，他也许并不是什么大款，也许只是一个普通的工薪阶层，但他的生活快乐富足，日子轻松自得。而与之相比，那些不安于现状，渴望得到更多的钱财和权力，对生活总是愤愤不平、斤斤计较的人，非但算计不到实惠，反倒会等来更多更大的损失。

由此可见，每个人所拥有的资本，无论有形的或是无形的，都没有一样真正属于自己，有些东西只是你暂时拥有而已，最终的归属，不得而知。所以，智者把这些所谓的资本视为身外之物。人只有学会知足，才会得到快乐。

第 15 堂：忍辱才能负重

郑板桥曾在《竹石》一诗中写道：“咬定青山不放松，立根原在破岩中。千磨万击还坚劲，任尔东西南北风。”说的是生长在破岩中的竹子，扎根很深，牢牢地抓住脚下的土地不放松，任凭四面八方的狂风来袭，也不会被刮倒。这首诗的前两句告诉我们不论遭受多大的磨折击打，都要坚定和强劲。后两句“千磨万击还坚劲，任尔东西南北风”则告诉我们，必须要凭借坚定的信念和勇敢进行斗争，即使受到敌方的打击侮辱，也决不放弃，也就是说，只有忍辱，才能负重。

有这样一则故事：两块石头，一块有灵性，另一块没有灵性。雕刻工人看中了有灵性的石头，要把它雕刻成佛像，然而雕刻的过程中，石头因为无法忍受刮骨之痛而选择离开了。工人只好选择那块没有灵性的石头进行雕刻，不久之后，一尊佛像呈现在世人眼前，很多人前来顶礼膜拜，三跪九叩。而原本有灵性的石头则被当做台阶的材料，铺在山下，任由人们踩踏。

有灵气的石头忍无可忍，冲着佛像就是一声闷吼："凭什么？！"佛像淡然一笑，说："正因我咬牙坚忍，任由他们在我的身上一块儿一块儿削掉我的肉，才会有今天。你忍受不了这样的屈辱，选择了安逸，所以，你只能自认平庸之命。"

其实，历史上凡是成就过一番大事的人，大都是经历过"千刀万剐"的，不论是来自敌人的侮辱，还是来自命运的打击，都没有使他们屈服，反而促使他们更加坚强，更加成熟，如此，才能变得更加强大，功成名就，指日可待。

公元前496年，吴王派兵攻打越国失利，反被击败，最终阖闾因伤势过重不治身亡，其子夫差继承大业。之后，勾践得知吴国要建立水军，便要消灭这水军，范蠡等人的反对毫无作用，结果战败于夫差脚下，还痛失一员大将。

夫差欲擒勾践，范蠡进谏勾践诈降，时机一到，杀他个片甲不留。于是，勾践等人投降夫差，受尽屈辱，不做任何反抗，最终让夫差放松了警惕。尽管伍子胥苦口婆心，分析利害，好言相劝，夫差仍然因为勾践尝他的粪便判断病情而对他没有了半点猜疑。

三年之后，勾践被放回越国，他偷偷地训练精兵强将。平时他睡的不是床，而是柴草，并在屋里挂了一只苦胆，尝尽了其中的苦涩。他每天都会反思之前的错判以及不顾后果的冲动，同时积极参加劳动，鼓励人民，使国家慢慢地壮大起来。

终于，在一次盛大的聚会上，勾践等来了机会，他假装赴会，率领精兵三千，杀了吴国太子友，之后再次打败夫差，拿下了吴国。夫差悔不当初，只得拔剑自杀。

这就是历史上有名的"卧薪尝胆"的典故。正是因为勾践的忍辱负重，才最终得以战胜了敌手，成就了大业。

〖测试你的忍气吞声指数〗

静下心来，认真做完以下题目，然后算出得分，查看后面的解析。

1. 你的朋友在跟你一起逛街时总会挑选一些目前最流行的东西买，你会怎么想？

A. 保持自己的风格和特色，不排斥流行因素，但也没有从众心理。（得 2 分）

B. 很赞赏朋友的眼光。（得 1 分）

C. 追逐潮流没什么意思，没有自己的风格才会显得没有好的眼光和品味。（得 3 分）

2. 受挫时，你都会有何反应？

A. 借酒浇愁，麻痹神经。（得 1 分）

B. 没什么了不起的，接受命运的考验。（得 3 分）

C. 向朋友诉苦，抱怨。（得 2 分）

3. 假如你和另一半吵架了，你会怎么办？

A. 不是我的错，坚决不道歉，让对方给自己赔不是。（得 3 分）

B .不论由谁引起，是谁的过失，一个巴掌拍不响，自己先去认错。（得 1 分）

C. 等大家消气之后再说。（得 2 分）

4. 半夜里，你被嘈杂声惊醒，你感觉可能是有人入室偷盗，这时你会怎么办？

A. 小偷要什么就尽量给他，事后报警，以免自己受伤。（得 1 分）

B. 在小偷没有注意到的情况下，偷偷报警。（得 2 分）

C. 找一个可以防身的武器壮胆，出去一看究竟。（得 3 分）

5. 很多人都说过自己的梦想，那么，你会为了实现自己的梦想竭尽所能，全力以赴吗？

A. 不会，梦想跟理想不同，总会有些不切实际。（得 1 分）

B.已经尽力了，却总是屡战屡败，觉得不太容易实现，还是放弃吧。（得 2 分）

C.一定会，努力不一定有收获，但不竭尽全力的话，就一定不会实现。（得 3 分）

6. 夏天最热的那几天，如果你家的空调坏了，你会怎么办？

A. 无法忍受这么高的温度，立刻打电话给客服找人来修。（得 3 分）

B. 维修的价格不值得，不如换一台新的，好用的。（得 1 分）

C. 自己懒得去操心，让家里人去摆平。（得 2 分）

7. 遇见纠结的问题时，你会怎么处理？

A. 去做别的事，转移注意力，假装什么都没发生。（得 1 分）

B. 随便应付一下，差不多就行了。（得 2 分）

C. 刨根问底，直到完全解决为止。（得 3 分）

8. 假如你的老板要求你去海外一个你不喜欢的地方任地区总经理，你怎么办？

A. 跟老板直接说明自己的想法，并请求领导给自己作其他安排。（得 3 分）

B. 称自己能力有限，无法胜任。（得 2 分）

C. 为了自己的前途，不喜欢也要去打拼。（得 1 分）

9. 谈婚论嫁之际，另一半的父母突然提出对你不满，并不赞同你们结婚，用很强硬的态度要求你们解除关系，你会如何选择？

A. 不去理会他们，一定要和那个人结婚，婚姻是两个人的事。（得 2 分）

B. 诚恳地向对方的父母解释，让他们明白你的真心。（得 3 分）

C. 即便是结婚了，但因为对方父母对自己始终不认可，将来还会有矛盾，受不了这样的生活，还是痛苦地分手吧。（得 1 分）

10. 当你发现身边不如你的人反被领导提拔的时候，你会怎么办？

A. 新手就是新鲜的血液，思维灵活，创新意识强，年轻人思维灵活，应该给他们更多机会。（得 1 分）

B. 心头一热，立马去问老板，讨个说法。（得 3 分）

C. 不去追究，但也不会轻易认输，今后更加努力地证明自己，最终会得到上级认可。（得 2 分）

答案解析：

1 ~ 10 分（包括 10 分），忍气吞声指数为 100%。你一向不敢反抗侵犯你利益的人，且总是听从他人的意见和指使，没有勇气抗衡，没有主见，逆来顺受，这样下去你会变得堕落，没有自信，还会遭到冷嘲热讽。所以，你要振作起来，相信自己的能力，掌握属于自己的自主权。

11 ~ 20 分（包括 20 分），忍气吞声指数为 60%。你是一个喜欢“随大流”的人，虽然也有自己的见解，但是一般不会直接反对他人，你总是容易妥协，前提是在你所能承受的范围之内。假如真的有人把你惹急了，会发现你并不是软柿子，这样你的志气和勇敢才能瞬间爆发，让对手下不来台。所以，你要适当地考虑一下，将容忍的范围缩小，对得起自己。

21 ~ 30 分（包括 30 分），忍气吞声指数为 10%。你是一个要求完全公平公正的人，别人的白眼以及虐待都是你无法容忍的，一旦你的利益遭到侵犯，你会立即还以颜色，绝不忍气吞声。

〖心理瑜伽第 15 式〗

1. 忍一时，得一世

中国的一代女皇武则天 14 岁入宫成为唐太宗的才人，深得宠爱，赐名“武媚娘”，然而之后的 12 年，她的地位一直没有提升。唐太宗病重期间，武媚娘与唐太宗的儿子李治建立了感情，为后来被立为后打下了基础。

唐太宗死后，武媚娘跟部分嫔妃一起入感业寺为尼，受尽折磨。随后，李治即位，成为唐高宗。萧淑妃深得宠幸，招来皇后不满。永徽二年，皇后召武媚娘回宫，企图利用她消灭萧淑妃，却没有想到武媚娘消灭萧淑妃后博得李治加倍的宠爱，第二年就被升为昭仪，为了不让自己的位置受到撼动，皇后开始了对付武媚娘的狠毒计划。

几年间，武媚娘遭受到的奇耻大辱是常人无法想象的，正如《孟子·告子下》中的一段话说的：“故天将降大任于斯人也，必先苦其心志，劳其筋骨，饿其体肤，空乏其身行，行拂乱其所为，所以动心忍性，增益其所不能。”但是，不论武媚娘多么艰辛，都不曾怨天尤人，直到她的父母被杀，她才下定决心，报仇雪恨。

《资治通鉴》中记载，武媚娘为了出头，忍痛将自己产下不久的长女杀死，栽赃陷害于王皇后，结果高宗李治勃然大怒，最终废了王皇后。在元老长孙无忌的协助下，永徽六年，武媚娘被立为后，她的儿子李弘做了太子，王皇后以及萧淑妃都被除掉。李治死后，武媚娘自立为帝，成为后来的武则天，成就了一代伟业。

或许，很多人一开始并没有想过自己会有多大的成就，多高的地位，然而命运对他们残酷的蹂躏迫使他们不得不将一切屈辱和愤怒都压在心底，等待时机，最终获得成功。

2. 真正的耻辱是没有勇气承担一时之辱

韩信曾经是个普通的草民，在最难熬的日子里，他连饭都吃不上，当地的百姓看他整天挎着把剑，却一点作为都没有，于是很瞧不起他。有个无赖认为他是个窝囊废，忍不住故意去捉弄他。一天，无赖走到韩信面前，侮辱地说："倘若你不怕死，就一剑刺死我；不然，你就从我的胯下爬过去。二选一。"

韩信沉思良久，最终俯下身子从地痞的胯下爬过去了，惹得集市上的人哄堂大笑，说他没出息。这次的经历激发了韩信的斗志，他开始苦练本事，卧薪尝胆，等待出头的日子。最终，他投奔了刘邦，并凭借自己的真才实学，当上了大将军。

设想，假如当初韩信忍不了一时之辱，杀了那个地痞，他也就当不了大将军，直接被送官府接受制裁，而无法成就事业了。所以，一个男人真正的耻辱，并不是忍受一时的屈辱，而是目光不够远大，没有勇气去承担它接受它并且驾驭它。

第 16 堂：亲兄弟明算账

钱财和情分，能不能分开考虑？

有的人认为，朋友兄弟之间不必太过计较；而另一部分人则认为，即便是夫妻之间，也要算得清清楚楚，更不用说哥们儿兄弟之间了。

很多人都赞同"亲兄弟，明算账"的观点，其实，很多人也都心知肚明，最难算清的正是"兄弟账"。

普通老百姓之间的利益纠纷，大都是由自家的亲兄弟姐妹或者平时要好的朋友之间引起的。若不能互相理解，互相谦让，最后只会越吵越大，上法庭，做审理，伤了彼此之间的感情，从此以后便形同陌路。

所以，当一个家庭或者朋友之间由于某些原因而面临分割财产的时候，最好是选择通过法律的途径来解决，这样，既可以最大限度地保证每人应得的一部分财产，又能维系亲人朋友之间的感情。

话说有两个音乐爱好者，由于一个偶然的机会相识，经过交流，他们发现彼此对于音乐的观点都十分相似，很有默契，于是，便开始了合作。

他们二人，一个具有非凡的音乐灵感，另一个则具有很强的文学功底。很快，他们创作出来的音乐作品博得了众人的喝彩]，在音乐圈内也引起了广泛的关注。

他们两个的确是圈内少有的团结组合之一，在经济方面，二人也能达成共识。他们根据彼此的具体情况，对工作收入以及日常生活中的各种花销做了详细的规划，并且约法三章，亲兄弟，也要明算账。但也彼此承诺：音乐的质量和两人的感情坚决不能因为经济问题发生负面影响。这也让他们的演艺事业始终如日中天，同时兄弟情义也丝毫没有受到影响。

“酒中不语真君子，财上分明大丈夫。”在钱财方面，痴迷过度则显贪，满不在乎显虚伪。亲兄弟，明算账；通情达理，明明白白，这才是一个有修养的人的作为。

同样是“明算账”的事例，接下来的故事却告诉我们，轻易许诺，就大大降低了可信度。

俄国寓言作家克雷洛夫有一段日子很穷，一次，他跟房东签订租契，房东规定：如果克雷洛夫哪天稍有不慎，引起火灾烧毁了房子，必须赔偿15000 卢布。

这对于一贫如洗的克雷洛夫来说简直是个天文数字，可是他并没有提出异议，而且在 15000 后又加上两个“0”，这令房东异常惊喜，克雷洛夫却不动声色地解释说：“反正我也赔不起。”

对于一个穷人来说，50 万和 100 万是没有本质区别的，同样都是天文数字，所以，房东给出的不现实的标准，是没有探讨价值的。换一种角度说，如果有人对于合同上的条文完全不计较，那只能说明他从来没有履约的打算。

退一步说，那种只跟你称兄道弟，却从不提钱的人，往往才是最不值得信赖的。在他们看来，承诺就是随口一说，并不是真正的大方爽快，然而很多人总是轻易听信他人不严肃的许诺，毫不犹豫地履行了协议。结果可想而知，一切付出等于打了水漂，当初的承诺也成了空口无凭。

所以，人与人之间虽然需要真实感情的交流，但该严肃的事情，还是应当严肃起来，公事公办，坦诚相待，否则，就会变成一场闹剧。

〖测测你遭遇背叛的可能有几成〗

通过下列的小测试来判断你是不是个容易遭到他人背叛的人。

下列4组数字组合，请你凭直觉选出自己喜欢的一组，然后查看后面的解析。

第1组：757

第2组：353

第3组：939

第4组：545

答案解析：

选第1组的朋友

也许是因为你最近的运势较低，或者因为遭到嫉妒而被诅咒不得升职，你的财路被阻挡，所以，近些日子你会有不顺心的感觉。这时的你最好不要随便听信他人的建议，凡事都要经过深思熟虑，不然，你就可能会错失良机。

选第2组的朋友

你要提防朋友对你的背叛，因为妒忌是件很可怕的事情，你的朋友之所以会忌妒你，主要是因为感情纠葛。如果你的感情状况已经稳定，就不必过于担心了。

选第3组的朋友

近些日子应该没人背叛你，有些事情之所以会搞砸，也大都是因为你自己的疏忽。所以，即便是目前还没人背叛你，你也应当多注意，凡事都谨慎小心。

选第4组的朋友

最近你有可能会在金钱方面被亲人背叛，所以，你要比以往谨慎一些，以防他们占了你的便宜。不过，这些亲人也很特别，因为他们也可能是你的贵人，他们有时候会提醒你，你要去领你的保险金了。但凡跟金钱有关的事，他们都会协助你，跟你提一些合理化的建议等，只是目的不纯。

〖心理瑜伽第16式〗

1. 兄弟之间财务明，亲情才能永相连

能拥有一套自己的房子，是很多人的心愿。

张某在村里盖了一套房子，随后配备了家电、家具等设施，准备跟自己上学的弟弟一起居住。

后来，弟弟毕业了，由于一直游手好闲，没有上进心，所以一直在家待业。

这些年来，哥哥一直忙于工作，给家里挣钱，没能好好教育弟弟，这才导致弟弟的人格缺陷，不思进取。

开始，哥哥还很自责，觉得自己亏欠弟弟，很多事便不那么计较。可是后来，房子面临拆迁整改，政府给予哥哥的补偿金被弟弟看在了眼里，弟弟便想霸占这份财产，说自己在这里住了这么多年，房子理应有他的一份。

弟弟非但没有报答哥哥这些年来的养育之恩，反而过河拆桥，强抢他人财物，无视法律尊严，哥哥万般无奈之下只得将弟弟告上法庭。

很多人都会面临以上这样的问题，亲兄弟之间，就是因为平时什么都可以分享，什么都可以互用，没有“约法三章”，所以，最后往往会出现意见上的很多分歧。

亲人之间无法达成共识，谁都想着自己的那份利益，最终变得关系紧张，甚至对簿公堂，不得不用法律武器来进行判决，这是一件多么可悲的事情。

财务方面，该明确的就明确，该分清的就分清，即便是自家人，也是一样。兄弟之间财务明，感情才能永远地维系下去。

2. 金钱是验证友谊的最佳标准之一

日常生活中，不论亲朋好友之间，还是社会上的诸多人脉之间，经济上的往来越来越频繁。

互相认识的“熟人”可以一起投资创办一家公司，然后让自己人从中受益，获得高薪职位，于是，家族式企业变得铺天盖地。从中难免出现有人借钱，有人欠钱，有人挣钱，有人赔钱……资金流动数不胜数，每个人每天几乎都在对财产进行不同领域的分配。

有些人好面子，从不要求债务人打欠条，或许是因为过于相信“人性本

善”，以为亲朋好友怎么好意思赖自己的账，所以将钱大大方方地借出去了。

还有些人在金钱交易面前从来都不好意思讲条件，对于双方应该承担什么责任和义务，利益如何合理分配，遇到风险双方怎么承担损失等，都没有合理规划。结果往往遭到算计，有苦难言。

有个杨姓中年男子，从白手起家开始，经过了几十年的辛苦打拼，终于成立了一家广告公司。步入正轨之后，业务越发的繁忙，收入也相当可观。

一次，他跟合作伙伴老刘吃饭，老刘说自己最近手头有点儿紧，单位的资金周转不顺，想从他手里借 50 万元周转一下，他很爽快地答应了。由于他跟老刘的关系一向很铁，碍于面子，所以没有要求老刘打欠条。

两个月过去了，杨的公司需要投资一笔大买卖，急需资金支持，这才想起两个月之前，铁哥们儿老刘从自己这里借走了 50 万元，于是就联系老刘，希望他能还钱。没想到却吃了闭门羹，对方单位的前台说老刘出差了，短时间内回不来，叫他过些日子再联系。

然而三个月过去了，老刘还是没动静，那位哥们儿不知何时已经销声匿迹了。于是，杨只好报了警。本来好好的兄弟情深，因为财务上的关系，最终对簿公堂，丢了情义，也没了朋友。

其实，过分地信任所谓的好兄弟、好哥们儿是件很危险的事，假如没有将该明确的账目明确下来，双方没有立字据，将来等到自己有需要的时候要不回资金，法律也无法支持你，因为法律讲究证据。你非但不能将自己的权益维护好，自己还要承担一部分损失，也只能一冤到底。

俗话说得好，“亲兄弟，明算账”，任何人在经济方面，都要做到心中有数，清清楚楚。明确每一个条文，该立字据就立字据，该签字就签字，走正规程序，照章办事，这样双方才能长久共事，和气生财，实现双赢。

第 17 堂：恩情刻在石头上，嫉恨写在沙滩上

曼德拉是南非史上有名的民族斗士，曾经因“煽动罪”和“非法越境罪”被判处 5 年监禁，后又被政府指控犯有“企图以暴力推翻政府”的罪名，改判为无期徒刑。白人统治者将他关押在位于开普敦西北方 7 英里处的罗本岛上，岛上遍地是岩石，还有海豹、蛇及其他动物。

当时，曼德拉被关押在一个铁皮房里，由于他是要犯，监狱门口有三个专门的看守日夜巡逻，防止他潜逃。他每天的工作就是把从采石场采来的大石头一块一块地打碎成石料，有时还会下到冰冷的海水中捞海带，或者做采石灰的工作。一整天下来，几乎没有喘息的余地，体力严重透支。

尽管如此，那些看守也并不觉得过瘾，他们总是寻找各种理由虐待曼德拉，拿着他的痛苦哀嚎当做自己的精神享受。

尽管曼德拉历经了各种常人难以想象的磨难以及非人待遇，但他并没有放弃活下去的希望，对生活依然充满感恩。1991 年，曼德拉出狱，并当选为总统。他在总统就职典礼上的一个举动轰动了全世界。

在他邀请的诸多客人当中，居然出现了在罗本岛监狱看守他的 3 位前狱方人员。他邀请 3 人站起身，并向在场的所有来宾一一介绍。

他的这一举动，令那些残酷虐待了他 27 年之久的白人失去了颜面和尊严，也令全场的来宾肃然起敬。

此时的曼德拉已经是个年迈的老人，他缓缓起身，向着那 3 位看守致敬，态度诚恳，恭恭敬敬。顿时，仿佛整个世界都为他震撼了，一片沉默。

之后，曼德拉向朋友们解释说，那时候自己年轻气盛，脾气暴躁，是个急性子。若不是在狱中历经磨难锻炼了自己的毅力，学会了控制自己的情绪，不但性命难以保全，出头之日更是遥遥无期。

“当我走出囚室，迈出通往自由的监狱大门时，我已经明白了，假如始终不能将悲痛和怨恨放在背后，那么我将一直待在狱中。”这是曼德拉留给世人最深刻的感触。

人在遭受欺辱、陷害或是不平的时候，不妨把这一切当做命运的拷问，学会化解内心对遭遇和痛苦的怨恨，从而成就更加完善的自我。功成名就之后，

自己的不计前嫌、宽容大度还会换来对手的感恩。最重要的是，这种积极的心态会将一切遭遇化为财富，为自己铺路，只要坚持下去，就一定能走出阴霾，获得阳光。

假使我们都能做到淡化仇恨，化解矛盾，那么很多事情，都会变得微不足道，人的境界就会相应提高，人格也会更加完善。

〖测测你的记恨指数〗

你坐在公园的石板凳上吃午餐，此时有一只足球突然冲着你的头部飞过来，为了避免受伤，你慌忙接住了球，这时有个成熟的男性请你把球还给他，你会怎么办?

1. 用手一拨，让球慢慢滚过去

2. 叫他自己过来拿

3. 用最大的力气把球扔过去

4. 朝着那个男人的旁边猛扔过去，叫他接不着

答案解析：

1. 用手一拨，让球慢慢滚过去

你对冒犯过你的人会有一定记恨心理，但不是很强烈。然而每当你想起过去遭受过的委屈，还是会实行报复。

2. 叫他自己过来拿

别人怎么对你，你就怎么对别人，你会觉得这是理所应当的，你是有仇必报，记恨指数颇高，所以，切记不要太放纵自己。

3. 用最大的力气把球扔过去

你的记恨指数相当高，只要谁惹你生气，你的怒火便使你的复仇心更加强烈，几乎要接近犯罪的边缘。所以，遇事一定要先冷静下来，切勿让怒火冲昏头脑。

4. 朝着那个男人的旁边猛扔过去，叫他接不着

你的复仇指数不算很高，不太容易一触即发，你也并非那种暗中记仇的阴险之人。

〖心理瑜伽第 17 式〗

1. 永远铭记老师的教导和鼓励

罗杰·罗尔斯是美国纽约州史上第一位黑人州长，他出生在肮脏、充满暴力的大沙头贫民窟。

这里是偷渡者和流浪汉常常聚集的地方，孩子从小就知道逃学、打架斗殴、偷东西，甚至有的吸食毒品，长大后也大都不争气，没有体面的工作。虽然说环境塑造人，但是环境也可以磨炼人。在这种环境中长大的罗杰·罗尔斯不仅考上了大学，后来还竞选上了州长。

在就职的记者招待会上，面对上百名记者，罗尔斯没有提及自己是如何奋斗拼搏的，而是谈到了他的小学校长皮尔·保罗对他的影响。

20 世纪 60 年代初，是美国嬉皮士流行的时代，皮尔·保罗担任诺必塔小学的董事兼校长，他发现这里的孩子们总是无所事事，过着混沌的日子，他们从不听老师的教诲，旷课、打架事件也是频频发生，就连教室的黑板都常常被损毁。

皮尔·保罗费尽周折引导孩子们，却都以失败告终。

一个偶然的机会让他发现这里的孩子都相信迷信，于是他开始在课堂上穿插着讲一些孩子们感兴趣的话题，还给孩子们看手相，他想用这种方式引导孩子们树立信心，改变自己。

一天课上，保罗给孩子们看手相，该轮到罗尔斯了，他从窗台上一跃而下，几步跑到讲台前，伸出小手，保罗说："一看你那修长的小拇指我就知道你将来会当选纽约州的州长。"

罗尔斯简直不敢相信自己的耳朵，一直以来，从来没有谁这样说过自己。罗尔斯记下了保罗的话，并且深信不疑。从那以后，罗尔斯的身上发生了翻天覆地的变化，他穿着干净整齐，说话彬彬有礼，形体也有很大改观，整个人看上去变得朝气蓬勃。

40 多年以来，罗尔斯一直按照州长的标准来要求自己，51 岁那年，他终于当选了州长，于是才出现了就职招待会上对于小学校长感激的致辞。

懂得感恩，是为人之本，也是一种美德。

其实，这个世上有许多成功的典范都是因为将老师的几句教导和鼓励铭记在心，化为信念，并且坚持不懈，努力争取得来的。

也许起初我们并不领情，认为老师束缚我们的行为和思想，不给我们自由的空间，于是讨厌甚至怨恨老师。其实，老师严格的教育和正确的引导是本着对每一个孩子负责的原则进行的，当你长大成人，并且有了自己的一番事业时，才会幡然悔悟，对老师当初的严厉感恩有加。

孔子曾说："三人行，必有我师焉。"除了学校里的老师，谁都有可能在无意中给我们启示，让我们得到有价值的且对我们有利的信息。就算有些事情是我们无论如何都不愿意去接受的，也不要去厌恶或憎恨。虚心接受别人正确的引导，并将他们的建议视为救命稻草，牢牢抓住，唯有如此，才能成就更辉煌的人生。

"淡看世事去如烟，铭记恩情存如血。"懂得感恩的人，总会得到别人心甘情愿的支持与帮助。

2. 用包容之心化解嫉恨，就等于为自己敞开一扇门

战国时期，秦国常常欺侮赵国。一次，赵王派蔺相如去秦国交涉，蔺相如凭借机智勇敢的举动，为赵国争得了很大的面子，令秦王不再敢小看赵国，蔺相如也因此被赵王封为大夫，后封为上卿。

然而，赵王对蔺相如的重用令大将军廉颇气愤不已，他暗想："自己身为赵国的大将，英勇搏战，功劳难道不如一介文臣？蔺相如全仗着三寸不烂之舌，能成什么大气候？地位却比自己还高。"

廉颇始终无法压抑胸中的怒火，并暗下决心，再见蔺相如，定要给他好看，看他有何能耐。

廉颇的豪言传到了蔺相如的耳朵里，蔺相如非但没有准备迎接口水战的意思，还立即吩咐下人，以后遇见廉颇大将军的仪仗队，一定不要与其发生冲突。见这阵势，廉颇的手下更加得意忘形，举止言谈都透着一种轻蔑。

蔺相如的手下对蔺相如说："在官场上，您的地位比廉将军高，他亵渎您的人格，处处与您作对，您非但不还以颜色，居然还躲着让着，由他自鸣得意。这样下去，他岂不是要骑在您的头上了？我们坚决不能接受！"

蔺相如心平气和地说："你们认为廉将军跟秦王两个人相比，哪一个更厉

害？”大伙儿都说是秦王。蔺相如笑着点了点头，随后说道：“我连秦王都不畏惧，没有理由害怕大将军啊。现如今秦国之所以不敢攻打赵国，正是因为我们赵国文臣武将团结一致，战斗力强。他若来袭，二虎相争必有一伤，所以不敢轻举妄动。假如我跟廉颇将军不和，被秦国知道后果不堪设想，他们会利用赵国内乱的时机，乘虚而入，拿下赵国。个人脸面与国家兴亡，你们觉得哪一个更重要呢？”

这番话让他手下的人钦佩不已，并很快传到了廉颇的耳朵里。廉颇甚是惭愧，于是露着肩膀，背上一根荆条，直奔蔺相如府上。

见廉颇到来，蔺相如立即出门迎接。当廉颇向蔺相如下跪以求原谅，并捧着荆条，叫蔺相如惩罚自己时，蔺相如连忙将荆条扔在一边，扶起廉颇，并帮他穿好衣服。从此以后，二人成为挚交。他们一文一武，一心为国，秦国再也不敢欺辱赵国。

这就是历史上有名的“负荆请罪”的典故。

或许，你的身边也会有很多“劲敌”，他们在你眼中并不是很能干，却得到了领导的赏识和重用，于是你很眼红，很不满，甚至心生邪念，想去报复。其实这种心态要不得，在这个竞争力极强的社会中，立足之本就是平和的心态和宽大的胸襟，不要总是将注意力放在自己的优点上，而应该用欣赏的眼光发掘他人的优势。如此，你心中的怨恨才会不断减少，心态就会更加平和，你就能接受更多的人，并得到更多的认可和赏识。

把嫉恨写在沙滩上，一波海浪会将所有印记擦得干干净净，沙滩上会恢复先前的平静，心态也是一样，当你将心态放平，一切都会变得豁然开朗。用积极的心态去面对和驾驭现实，坚持自己，信任自己，你便将命运掌握在了自己手中。

第 18 堂：感谢给你逆境的众生

“逆境成才，还是顺境成才”，一直都是众人感兴趣的话题。人们渴望理想的生活，认为幸福是一种感受，与金钱、地位、权势无关。所以，即便并不富有，也依然惬意。然而，有一部分人却连这样简单的小幸运都得不到，与生俱来的残缺、孤独以及各种痛苦令他们不得不选择了吃苦受挫，在逆境中探索道路，在未知中寻求方向。

贝多芬被世人尊称为德国乐圣，然而他一生坎坷，命运多厄。小时候，酗酒的父亲逼迫他练习钢琴，希望他成为莫扎特式的神童，童年时代的贝多芬没有太多幸福可言。26岁时贝多芬失去了听觉。不仅如此，他在爱情的道路上也并不顺心，爱人弃他而去，留下了内心的伤痕。

但不幸的人生轨迹非但没有使贝多芬消沉，恰恰相反，让他因此而痛下决心，与命运抗争，创作出了伟大的音乐。逆境，仿佛正是一根火柴，将他的生命之火瞬间点燃，一发而不可收。

他集古典音乐之大成，并开创了浪漫主义音乐的路线，创作出了大量的优秀作品，用毕生的精力谱写出了自己传奇般的艺术人生，并且与海顿、莫扎特一同被后人称为“维也纳三杰”，还被视为世上最伟大的交响曲作家。

无独有偶，在逆境中成才的还有高尔基。他出身贫穷，幼年丧父，11岁就开始扮演大人的角色，当装卸工和面包房工人，养家糊口。他的“大学生涯”就是在贫民窟和码头完成的。

他与劳动人民一起饱尝人间的疾苦和辛酸，却从未放弃读书学习，即便是打苦工累得浑身酸痛，也一样坚持，有时还会在老板暴力的皮鞭下偷学写作。最终，他凭借不服输的精神、对知识的热爱以及对创作的执著，成为举世闻名的作家，并留下了多部对世人具有深远意义的作品，其中以自传体三部曲《童年》、《在人间》、《我的大学》最为著名。

没有谁的一生是平坦的，假如没有波澜，便犹如一潭死水。人生之所以精彩，正是因为有风险的激发；人的气质之所以变得与众不同，是因为生活给了他们残酷的历练。一切美好壮丽的山河都是大自然精心雕琢的，人世间所有的强者都是在现实生活中经受过千锤百炼的。

常言道：“上天有好生之德。”或许很多人在功成名就之后会感激上苍赐予自己的幸运，感谢帮助过自己的人，说他们是自己的保护神。其实，我们唯一的保护神，就是自己。假使你是一个依赖于别人的保护，却从来不知道自己去争取，去经营生活的人，假如你一直没有勇气承担任何风险，一旦遭受痛苦就一蹶不振，没有自强意念，更不懂得尊重他人，爱护他人，那么，你的一生将会是暗淡无光，没有希望的，即便有人要保护你，也是无能为力。

〖测测你会如何面对逆境〗

测试题：假设你在飞机上一跳而下，撑起了降落伞，你最希望自己会在什么样的地方降落？

A. 郁郁葱葱的草原平地

B. 柔软的天然湿地

C. 高楼大厦之顶

D. 玉树临风的山头

答案解析：

A. 郁郁葱葱的草原平地

你向往普通平淡的人生，不喜欢大风大浪的侵蚀，所以，即便是运气不好，你也会尽可能地让自己淡定下来，保持冷静，使一切维持在正常的水平，然后重新调整，使自己的生活步调保持平衡、规则化。所以，你基本算是一个墨守成规的人，有规律的平淡生活更适合你。

B. 柔软的天然湿地

你是一个能够逆来顺受的人，虽然你的个性显得有一丝保守，但是在面临生活给予的诸多不顺心时，你不会立即选择抱怨或者痛斥而不采取任何措施，相反的，你会竭尽所能去找寻突破口以自救，甚至偶尔你也会希望打破规则，调整步伐，换一种思路前进，但依然会在一条准绳之上仅仅做一些改变，不会脱离大的准则。

C. 高楼大厦之顶

与平淡的幸福相比，通过恶战之后换来的功成名就更能使你有优越感。在逆境当中，心中不论有多恐慌，你依然不会茫然不知所措，最后还是会凭着机智勇敢与耐力，征服困难。不服输，肯登攀，勇于挑战的特质，会促使你逐渐靠近目标。你不甘平庸，希望更上一个台阶的心态，是你最强大的动力。

D. 玉树临风的山头

你是一个非常积极的人，一旦遇到逆境，你便会将暂时的危机转化为新的契机去把握，然后大刀阔斧，改头换面，重新再来。你认为人生就应如此，不断地尝试新鲜的事物，让新的体验给自己注入新的血液。

〖心理瑜伽第 18 式〗

1. 放弃安逸，才能得到更多

季羡林在回忆起自己的童年时说，那个时候的经历塑造了自己的性格。

他四五岁的时候，每当夏秋要收割庄稼，对门的大姑大婶总会带他大老远地去别人割过庄稼的地里去拾麦子、豆子、谷子。有时候还可以拣满一小篮子麦穗或者谷穗。某年夏天，他拾的麦穗比较多，回家后母亲将麦粒磨成粉，做好一锅面饼子，饭后，季羡林又忍不住偷吃了一块，被母亲逮了个正着，追着要打他，他却逃到房后，跳进水坑，在水中把白面饼吃光，叫母亲干着急。

季羡林不计较吃喝，生活上要求不高，因为儿时的经历对于他来说终身受用，有时能激励他前进，有时能鼓舞他振作，他说："我看到一些独生子女的父母那样溺爱子女，也颇不以为然，儿童是祖国的花朵，花朵当然要爱护，但爱护要得法，否则，无异于是坑害子女。"

现如今，每家大都只有一个孩子，父母疼爱有加，万般呵护，直到成年，父母依然舍不得让自己的孩子经受一丁点挫折。他们犹如温室里的花朵，太过享福，不能独立，经不起风吹雨淋，自然也就欣赏不到雨过天晴，横挂天际的彩虹，也没有机会呼吸更多外界的空气。如此，就体会不到生命的真谛，理解不了生活的价值，更谈不上是成功的人生。

司马光小时候为了能早起读书，就用圆木做了一个警枕，其原理是，人一旦翻身，头落在床板上就会被惊醒。从那以后，司马光坚持天天早起，埋头苦读，持之以恒，最终成为一个学识渊博的大文豪，并编写出了流传百世的《资治通鉴》。

2. 别人的目光，是对你的考验

德国著名音乐大师巴赫幼年就失去了双亲，失去了这个年龄段的孩子应该享受的呵护和关爱，但是巴赫没有对生活绝望，他从小立志，要成为有用之才。

为了更好地学习音乐知识，十几岁的巴赫独自步行去 400 公里开外的汉堡拜师学艺。哥哥并不支持他学音乐，巴赫希望哥哥能将名家曲谱借给自己，哥哥执意反对，严厉地拒绝了他的请求。然而哥哥的反对并没有令巴赫放弃音乐之梦，他偷抄曲谱，一抄就是半年之久。

正是因为对音乐情有独钟，不怕自己被否认，坚持勤奋地追求，巴赫最终获得成功，成为世界名家。所以，成功并不是唾手可得的苹果，不会那么轻而易举让你拥有，它总是伴随着每一个人不同程度的付出和代价。

中国有句古话："吃得苦中苦，方为人上人。"很多人都说自己不怕吃苦，可以秉烛夜读，可以加班加点，可以废寝忘食，然而"苦"字却涵盖了更深层的意义：在你还是个书生的时候，你拼命地学习，每次考试成绩都名列前茅，你说自己不怕吃苦，然而当你看到成绩不如你的人得到了你没有得到的荣誉时，你会不会因此而拒绝用功？有一天，你迈向社会大课堂，意气风发，精神抖擞，信心百倍，然而一段时间之后，你看清了职场上的种种明争暗斗，尔虞我诈，胜者王侯败者贼，受到了一定的伤害，你会如何去做？假如你的第一反应是暴跳如雷或者浑身发颤，甚至呜咽，哭泣，那就说明，在面对逆境所带来的一切时，你无法做到淡定从容，甚至还有可能心生恨意，怨天尤人，以至于不能自拔。

唐僧师徒西天取经途中历经八十一难，缺一难，都无法修得正果。人生不可能一帆风顺，四平八稳，没有各种体验的人生，是苍白的人生。因为有了逆境，生命才变得格外精彩，因为有了那么多的不顺心，生活才充满了意义，回味无穷。所以，我们要接受逆境给予我们的考验，感谢所有给我们制造逆境的众生。只有在这种情况之下，我们才能成长得更快，同时变得更加成熟。

第 19 堂：不要行义过分

在我们的成长过程中，社交的圈子会随年龄的增长而不断扩大。很多人认为，设身处地为他人着想，全心全意为对方做事，就能增进彼此之间的关系，得到对方认可。然而事实并非如此，社交当中，一个最常见的错误恰恰就是那句"好事一次做尽"。

心理学家霍曼斯曾经提出，人与人之间的交往，其本质就是一种社会交换，跟市场上的商品交换原则相近。也就是说，你对别人好，别人才有可能对你好；假如你送给别人一束玫瑰花，别人会反馈给你一个灿烂的微笑，还有一声谢谢。而之所以说“好事一次做尽”未必可以达到人们想要的目的，这是因为人无法接受别人对自己一味地付出。

如果好事一次做尽，令别人感到无以为报，或者没有机会回报的时候，他们便会心生愧疚，于是，亏欠之心就会让受惠的一方选择疏远。所以，留一点余地，也许是令人际关系保持平衡的重要准则。

小梁是个有责任心、有担当的人，大学毕业之后的两年，一直没有成家，家中长辈多次劝说，他终究还是选择了事业。在他 28 岁那年，他办起了一家大型的婚庆公司，还投资了很多项目，人脉广泛，业绩非凡。

小梁是朋友们公认的仗义人士，只要朋友遭遇困难，小梁一定会挺身而出，为朋友尽力摆平。因此，他的朋友也是越来越多，并且涉及了各个行业、各种领域。

一天，小梁得知有位朋友家中出了事，欠下 50 万的债务，正在筹钱还债。他二话没说，将自己的钱送到朋友那里，嘱咐朋友切勿伤神，事情会得到解决，那位朋友也很感激。

可是，不论这笔钱是从什么人那里欠下的，都是要还的。唯一的区别是，一般债主会逼债，朋友则会将时间期限放宽。

其实，小梁并没有一定要朋友还钱的想法，只是想伸出援助之手，帮朋友一把。可是他万万没有想到，从那以后，那位朋友就像人间蒸发了一样，不再与小梁联系，二人断了来往。

对于男人来说，尊严可能比生命还要重要。小梁仗义助人，帮助朋友躲过巨额债务，是善意之举，但是他没有想到，他这样做却严重伤害到朋友的尊严。身为一个男人，假如自己无力偿还欠下的孽债，要依靠别人救助自己、可怜自己，岂不是无能之辈？

可见，“好事不能做尽”这样的人际交往原则，是每一个人都应该重视起来的，这既是一种为人艺术，也是一个人心理成熟的标志。

〖测测你的义气指数〗

假如某天，你家附近发生了一起命案，你的直觉会告诉你那是一起什么样的命案？

A．家庭暴力，老公打死老婆

B．王水溶尸案

C．碎尸案

D．一个红衣女子上吊自尽

答案解析：

选择 A，你的重义气指数是：75%

你一向把朋友看得很重要，你对朋友可以说是两肋插刀，只要朋友一句话，你一定全力去实现。这一点既是优点也是缺点，这种个性会使你很容易相信别人，所以你很容易吃亏。不过还好，对于那些曾经伤害过你的人，如果以后还想找你帮忙，替他出气，就很难办了，因为你已经接受教训了。做好事不要无限度，要考虑后果，权衡利弊，替自己多长个心眼儿，毕竟，人心隔肚皮。

选择 B，你的重义气指数是：90%

你常常替人打抱不平，是个义气十足、大义凛然的人，美中不足的是你的脾气太冲，所以有时候会显得很不理智，甚至在替人打抱不平时，自己也会受到一定伤害。

所以，在替别人出口恶气之前，建议你一定要先调整情绪，理顺思路，分析事态的严重程度，搞清谁对谁错。毕竟社会上很多事情，不是讲义气就能解决的，有些甚至会给人带来巨大的损失。

选择 C，你的重义气指数是：50%

有选择性的义气是你的理念，你只对自己的家人重义气，觉得没必要这么博爱。你很清楚，家庭对于你来说永远都是最重要的，所以会拼了命地保护自己的家人，一旦有人伤及你的家庭，你就会立刻变得势不可挡。

选择 D，你的重义气指数是：15%

你总觉得自己的事情已经够多了，没有闲暇顾及别人。这并不意味着你没有正义感，只是你觉得实在没有必要那样做。很多时候，你都只是一个围观者，看热闹的，如果要你替别人讨公道，伸张正义，恐怕会很难为你。因为你一直认为“事不关己，高高挂起”。

〖心理瑜伽第19式〗

1. 有时“帮助”也是一种伤害

“走后门”一直是社会各界热议的话题，很多人利用自身的职务之便，为子女和亲属开出一条绿色通道，于是，即便是他的子女或亲属在能力和学识上都不过关，也不必担心自己会吃不上饭，工作机会不仅有的是，还可以由着他挑选。

然而，这样的“帮助”，对于那些“走后门”的人来说果真是好事吗？我们不妨来看一个真实的故事。

贾某的父亲是某地区的著名大商，由于生意上的往来，他的父亲接触到的都是地位显赫的人物。优越的家庭条件致使贾某整日里不学无术，无所事事，学习成绩极差。由于家里有钱有势，他顺利地升入了大学。学习期间，贾某几乎各门功课都不及格，老师也拿他没办法。大学毕业之后，他的父亲将他送去一家大型企业，不久后，便升任经理一职。

话到此处，你会认为贾某会成为一个尽职尽责的称职经理吗？答案是，很遗憾，不会。

他的父亲跟这家公司的董事长关系很铁，当年若不是贾某的父亲伸一把手救济了这位董事长，那个城市就会少一位刻苦能干、白手起家的大老板。

由于这层关系，贾某在这家企业非但不会吃亏，还得到了很大一笔利润。他只要每天准时待在自己的办公室里，上上网，聊聊天，就可以高枕无忧，月薪上万，住豪宅，开名车，娶美人，享清福。

众多的莘莘学子寒窗苦读十余载都未必能坐上如此高的位置，得到如此豪华的待遇，而那些胸无点墨、没有能力的人却能倚仗父母亲人的势力得到美好的前程，是不是很可气？

其实，借裙带关系实现前程似锦的人，他们的未来未必会好得过不比他们走运的人。5年之后，由于这家企业投资不慎亏了本，不得不将公司最大股份让出，于是，该企业的原董事长被迫落马，由他人担任。

企业改朝换代，为了重新整顿，新上任的老总决定重新制定内部制度，并且要对每一个员工进行绩效考核。

贾某不再受宠，又没有真本事，最终只能像“滥竽充数”中的主人公一样，灰溜溜地走掉了。

后来，贾某的父亲身患重病，他却不管不问，临终前，父亲没有在遗嘱中分配一丁点儿家产给儿子贾某，贾某一贫如洗，妻离子散，落得个凄惨的下场。

倘若追究责任，贾某的父亲脱不了干系。“不要行义过分”其实是《圣经》里的概念。《圣经》上讲的爱，并不是无原则的，无限度的爱，也不是违背道义和自然规律的爱，这样的爱如果被毫无条件地利用，后果一定会跟人的愿望背道而驰。

2.“义气”要分情况

“为朋友两肋插刀”是很多英雄豪杰习惯做的事，当今很多“愣头”青年也为这句话表现自己的“仗义”，但是如果因为讲义气不但帮不了朋友，反而引火上身甚至犯了法，那么这种义气用事的行为则实不可取。

近期电视剧《新水浒传》的热播带来了新一轮的收视热潮，又激发了人们对梁山一百单八将好汉的崇拜与赞扬之情，但其中有一个人物的死也让人不无遗憾，那就是梁山原头领托塔天王晁盖。

晁盖平生仗义疏财，专爱结交天下好汉，由于在黄泥岗上劫了生辰纲被朝廷通缉，被迫上梁山，凭借平日的威望与豪爽、仗义的性格做了一寨之主。

一次，金毛犬段景柱从北方偷来一匹宝马，名唤照夜玉狮子马，本想送给宋江，不想路过曾头市时被曾家五虎给抢了去，送给曾家教师爷史文恭当了坐骑，还扬言要扫荡梁山。

晁盖得知此事后异常愤怒，发誓要替兄弟出了这口恶气，扬梁山之威风，不顾众人劝阻，执意要亲自下山攻打曾头市，在他带领林冲、呼延灼等20名大将即将下山之际，忽起一阵狂风，把新制的军旗拦腰吹折。可即便这样的“不祥之兆”，晁盖依然我行我素。

结果，梁山人马兵败如山倒，晁盖也不幸中了毒箭，命丧黄泉。

晁盖的失败就源于“行义过分”，这不但犯了兵家大忌，也犯了做人的大忌，“义气”让他冲昏了头脑。首先梁山固然人才济济，但曾头市也不容小觑，尤其是史文恭，也属英雄豪杰；其次，晁盖并非将帅之才，偏要赶鸭子上架，所带的将领大都也是有勇无谋；再次，不听人规劝，一意孤行。

晁盖的行为导致的结局就是，不但没给梁山兄弟出一口气，反而把自己和众多无辜兄弟的性命搭上了。

讲义气没有错，但是讲义气也要分情况，要通过正当的方式，否则就会适得其反。比如朋友受了欺负，如果你不管三七二十一拿起酒瓶子砸过去，很可能会引起更大的骚乱，甚至误伤人命，结果不但朋友怪你行事鲁莽、多管闲事，你自己还可能面临牢狱之灾。

因此，在帮助朋友之前，一定要头脑清醒，考虑清楚几个问题：朋友本身的行为是对的还是错的？通过什么样的方式既能帮助朋友，同时不会给朋友和自己招来祸端？

只有这样，你对他人的帮助才不是“行义过分”，才不是“火上浇油”，恰到好处、适可而止的帮助才是真正的帮助，才是最大的帮助，才是真正的讲义气。

第 20 堂：生活简单就是享受

一个拥有简单思想的人，总能轻而易举地获得自己想要的幸福；而一个城府极深，欲望极多的人，总会觉得身心疲惫，永远得不到满足。

一个人，身处漫无边际的荒漠之中，假如眼前突然出现了一潭清泉，他便会飞一般地冲上前去，痛饮一番。此时的他，一定不会再去想威士忌或者一杯热咖啡，只要能够解渴，他就会很快乐。

在零下十几度的严冬里，厚厚的积雪覆盖了人们的激情。假如正午时分，一缕阳光穿过阴云，洒向大地，人们就会因为感受到温暖而幸福愉快。

什么是享受生活？有人说，享受就是拥有一套豪华别墅，楼下有游泳池，夏天可以躺在躺椅上，一边喝着冰镇饮料，一边晒着阳光浴，若想舒展筋骨，就跳入池中畅游一番。

有人说，享受就是手里的钞票多得用不完，身边的女人一个更比一个美；还有人说，享受就是不用天天按时早起去挤公交上班，不必为了完成公司派给的任务而不得不跟时间赛跑，不需要为了天天大汗淋漓地跑回家，又正巧赶上停电无法洗澡而叫苦连天……

身处同一座城市，同样都是上班族，有些人的心境却大不相同。

没有豪华的别墅，他们可以拥有一个别致的小院儿，每到一定的时节，都能够亲眼看到自己栽培的花盛开；家里即使没有令人惬意的游泳池，也一样开心，因为在井里泡过的西瓜冰凉可口，吃进嘴里，回味无穷，在炎热的夏天，也不会显得躁动不安。

开不上宝马无所谓，出门骑一辆自行车，既环保又健康，一路上满眼都是来来往往、形形色色的人，城市的各种景象尽收眼底，也是一种趣味；没有美女的追求也没必要郁郁寡欢，漂亮只是一层纱，里面包裹着的，未必是一颗善良纯洁的心，漂亮的女人，未必会爱你，值得你爱的女人，才是最应珍惜的。

所以，倘若我们总是将自己的人生看得很糟糕，认为生活中的很多现实都是丑恶的，觉得朋友会背叛自己，领导会因为听信他人的谗言而不分青红皂白地惩罚自己，自己还有可能因为说错了话，不会溜须拍马而被降职或者扣薪水……很多不公平都会一个接一个地发生在自己身上，于是，整个人生就成了一场悲剧。这样的人得不到幸福和快乐，自然也就无从享受。

倘若一个人能够将自己的一生视为一次别样的旅途或者一次大探险，将途中经历过的各种坎坷当做游戏中出现的重重陷阱，然后卸下包袱，轻装上阵，怀着必胜的信心，以积极的心态去迎接一个又一个未知的挑战，整个人都会变得干劲十足，人生也会因此变得格外阳光。

鲁迅有一句名言："世上本没有路，走的人多了，也便成了路。"当你站在胜利的高峰上，俯视整个路程，你会发现，这条道路蜿蜒曲折，却又充满情趣。而这条路，原本是不存在的，是你用自己毕生的精力踏出来的，当你这样想的时候，即便是路上遇到很多坎坷，在你看来，也是一种充实，一种成就，一种幸福，而这些感触，正是享受生命的过程。

〖测测你是否容易满足〗

做一个小测试，看看你是否是一个容易得到满足的人。如果是，恭喜你，你已经懂得了幸福的真谛，可以尽情地享受属于你自己的幸福了。如果不是，你就要调整心态，让自己沉浸在幸福中，学会享受生活。

测试题：滑雪场上，有个人正准备到斜坡上滑雪。而斜坡的正前方恰好有一个洞，洞里埋伏着一只巨大的熊。滑雪者显然没有意识到自己处境的危险性，你认为他最后会是什么样的下场？

A．掉进洞里惊醒大熊，被攻击

B．一跃而起，避开深洞

C．会有人提醒他到别处滑雪

D．途中他会滑倒，不会掉进洞里

答案解析：

选 A 的朋友

你应该换一种心态了，因为你总是习惯性地把很多事情想得很糟，即便是好事，也会被你想歪。而且，平日里，一旦遇到麻烦事，你的第一反应就是将全部责任推卸给他人，将自己的罪名洗得一清二白。你对生活总是抱有埋怨的心理，对别人也是斤斤计较，从不会得到满足，小肚鸡肠的你，很难享受得到真挚的友情。

选 B 的朋友

你是一个相当勇敢果断的人，你对自己的天分以及后天的努力都很有信心。挫败对于你来说，非但不会从精神上击垮你，反而会成为你的动力之源。所以，像你这种类型的人，欲求不满度会很低。

选 C 的朋友

你是一个幸运儿，在你身边有很多热心肠的朋友，只要你有困难，他们二话不说，立马帮你，而且对此义不容辞。另外，你有一个乐观的思考方式，即便是有欲求不满，之后也能因为贵人相助而得到圆满的化解。

选 D 的朋友

你总是喜欢做不切实际的白日梦，而且你对算命怀有浓厚的兴趣。这一类型的人，非常看重运势，并且想当然地认为，诸事不顺都是因为运气不好导致的。

〖心理瑜伽第 20 式〗

1. 压缩膨胀的欲望，享受属于你的幸福

人们经常讨论什么才是真正的幸福，其实，一个人的幸福感始终取决于他欲望值的大小，欲望越多的人，就越不容易得到满足；相反的，对生活要求越

低的人，就越能享受到真实的幸福。

一天，老林开车走在回家的路上，因为工作中的不顺心，他满腹抱怨，然而当他经过一个工地时，看到一群穿着破破烂烂的建筑工人面对柔和的晚霞，舒服地躺在沙滩上。工人们睡着的，没睡着的，脸上都洋溢着单纯的笑容，非常惬意。顿时，老林悟出了一件事，那就是幸福感跟欲望是成反比的。

也就是说，欲望越多，幸福感越弱。上天提供给人的物质是有限的，而人的贪念却是无限的，强烈的欲望会给人带来极大的痛苦。

身价过亿的老林，因为多年来背负了太多压力而精疲力竭，欲望的驱使，像毒品一样，刺激着他的每一根神经，使他无法自拔。而这些一无所有的建筑工人，却安然幸福，笑容灿烂，由此可见，并不是拥有的物质越多就越幸福，在懂得享受人生的人看来，幸福就是能填饱肚子，能睡个好觉，真正的快乐，其实并不是那么遥不可及。

幸福无处不在，幸福唾手可得，只要人们不将生活利益化，压缩膨胀的欲望，学会感知幸福，人的心灵就可以得到升华，得到享受。

2. 拥有简单思想的人，就是懂得享受的人

王老师是一所重点学校的数学老师，他在课余时间经常跟学生谈及自己的所见所闻，以及对生命的诸多感悟。

一次课上，他说自己时常在街头看到一对衣着褴褛的夫妻跪地乞讨，对于别人施舍的食物总是特别珍惜，舍不得吃，他心想，或许这对夫妇家中还有一个苦命的娃娃吧。

“当我看到这对乞丐夫妻互相推让着分享一个发了霉的面包时，禁不住热泪盈眶，这就是穷人的幸福和满足。甚至有时，我还能想起贫困地区缺衣少食的难民生活，看似潦倒，令人心酸，其实，早上喝一碗清粥，咬一块馒头吃一勺清淡的小菜，也是一种简单的幸福。而在这喧嚣的都市中，有多少拥有上等生活条件的夫妻，因为芝麻绿豆大的小事就有可能大吵大闹，弄得邻居街坊不得安生。”王老师对学生们语重心长地说。

那些每天都有美食相伴的人，甚至还在为不合自己胃口的食物斤斤计较，这样的人，又怎能品尝得到食物真正的香醇呢？假如一个人不懂得用心去体会生活，没有一双会发现的眼睛，那么，无论他在什么样的环境里，都很难享受到幸福。

幸福究竟是什么？怎样才算得上是享受幸福？其实，每个人心中的答案都不一样，幸福的内涵是极其丰富的，人们需要用心灵去捕捉。

一曲优美的音乐，一杯香甜的奶茶，一句关心的嘱咐，一缕冬日的阳光……这些看似简单平凡，其实都是生活赐予人的淡淡的幸福。

简单的生活，简单的幸福。无欲则无求，人们所谓的烦恼，其实就是放不下的执著。物质是有限的，物欲则是无限的。知足就能常乐，清心寡欲就能使幸福感常在，拥有一颗简单的心，人就能够享受到生命赋予的喜悦。

第 21 堂：乐而忘忧，笑能解愁

“大肚能容，容天下难容之事；慈颜常笑，笑天下可笑之人。”

走进清净的寺院，我们总能看到迎面的那尊笑容可掬的弥勒佛像，也总能发现这样一副对联。弥勒佛是宽容大度、平和庄重、乐观积极的化身，他代表了平和安康和吉祥如意，很多人都喜欢用一块雕刻精美的弥勒佛玉石作为自己的项坠，以求安心。

其实，“安心”并非传说中的佛祖仙灵带给人们的，只要拥有一个乐观的心态，就能够得到安心和快乐。

王青是一家国企最年轻的老员工。之所以这么说，是因为他 23 岁那年入职，至今已经整整 10 年了。在这 10 年当中，他见证了这家企业的发展历程，也目睹了新老员工的来来去去。有些人因为承受不住压力而放弃了；有的人则一直坚守自己的岗位，伴随企业一起成长。

很多人表示惊叹，纷纷询问王青，究竟是什么条件让他在同一家企业工作这么多年，即便是一直没有升职，也依然坚持。王青笑了，他说：“在我看来，不论去哪儿，都得靠自己。对企业忠诚，凭本事吃饭，不借助别人的力量成就自己。至于别人怎么对待我，为何不给我升职，不给我涨薪，那是他们的事，我只求自己问心无愧就是了。”说完，他就开开心心、自顾自地去干活了。

同样都是大企业的员工，伊明却不能忍受领导无视自己的努力。作为一个市场专员，他几乎每天都忙着拉赞助商，谈客户，打广告，招收兼职，派单做宣传等一系列户外活动。不论严冬还是酷暑，他都没有请过一天假，积极主动地完成任务。然而领导却提拔了一个整天无所事事，就知道指挥别人做事的员工。

伊明再也无法忍受，便去办公室找领导理论，但他的激动非但没有得到领导的理解，反而被炒了鱿鱼。从那以后，他一蹶不振，对职场失去了信心，对人生失去了信心，整天郁郁寡欢，还经常向年轻的新手灌输消极思想。

而任劳任怨，每天笑嘻嘻的王青却在一次偶然的机会中，被领导相中，委以了重任。

在这个世上，除了亲生父母，没有任何人会心甘情愿地为你无私奉献，期待越高，失望越多。不妨把过多的期待减少，对别人要求低一点，再低一点；对自己要求高一点，再高一点。这样一来，你就会发现，失望的可能性大大降低了，你也因此而成为一个快乐的人。而一个快乐的人，做任何事情，都会轻松愉快，即便遭遇不公待遇，也不会挂在心上；即便是没人赏识，也会孤芳自赏。

一个快乐的人，必定是一个自信的人，一个自我价值感强，且有勇气、有胆识的人，因为快乐能帮你赶走压力，能让你忘记忧愁，进而扫除一切负面情绪，获得健康向上的人生。

〖测测你是不是乐观的人〗

请用心审题，做完题之后将分数相加，然后查看后面的解析。

1. 夜半时分，如果你听见有人敲你家门，你会认为一定是有不好的事情发生了吗？

A. 会（0 分）　　B. 不会（1 分）

2. 出门时，你会经常带着安全别针或者一条绳子，以便于自己的衣服或其他物品一不小心被撕裂时，做及时的补救吗？

A. 是（0 分）　　B. 否（1 分）

3. 你有没有跟别人打赌的经历？

A. 有（0 分）　　B. 没有（1 分）

4. 你有没有幻想过自己中了头彩或者继承了一大笔财富？

A. 有（0 分）　　B. 没有（1 分）

5. 出门时，你会习惯性地带着一把伞吗？

A. 是（0 分）　　　　B. 否（1 分）

6. 你会将大部分收入都用来投保吗？

A. 会（0 分）　　　　B. 不会（1 分）

7. 你有没有还没来得及预订旅馆就去度假的经历？

A. 有（1 分）　　　　B. 没有（0 分）

8. 你认为绝大多数的人都是诚实守信的吗？

A. 是（1 分）　　　　B. 否（0 分）

9. 外出旅游之前，你将自己家门的钥匙给朋友或邻居保管，至于你家中的贵重物品，你是否还会事先锁起来？

A. 会（0 分）　　　　B. 不会（1 分）

10. 你总是非常热衷于新的任务吗？

A. 是（1 分）　　　　B. 否（0 分）

11. 如果有位朋友承诺会还钱，你会把自己的钱借给他吗？

A. 会（1 分）　　　　B. 不会（0 分）

12. 如果大家计划明天去野营，天气预报显示有降水过程，那么你还会坚持原计划吗？

A. 会（1 分）　　　　B. 不会（0 分）

13. 你是一个容易相信别人的人吗？

A. 是（1 分）　　　　B. 不是（0 分）

14. 如果你要赴约，你会因为提前想到途中有可能发生会导致你误时的事件而提前出门吗？

A. 会（0 分）　　　　B. 不会（1 分）

15. 如果医生叫你去做体检，你会怀疑自己生病了吗？

A. 会（0 分）　　　　B. 不会（1 分）

16. 清晨起床，睁开眼睛，此时的你会认为今天又是美好的一天吗？

A. 会（1 分）　　　　B. 不会（0 分）

17. 假如某天你意外地收到了一个包裹，你会很开心吗？

A. 会（1 分）　　　　B. 不会（0 分）

18. 你是一个即使钱包马上就空无一文，依然开心花钱的人吗？

A. 是（1 分） B. 否（0 分）

19. 登机前，你会去买旅行保险吗？

A. 会（0 分） B. 不会（1 分）

20. 你认为你的未来是充满希望的吗？

A. 是（1 分） B. 否（0 分）

答案解析：

总分为 0 ～ 7 分的人：

你是一个极其悲观的人。同样一件事，你总会首先看到不好的一方面，你觉得人生本来就是一场悲剧。在这种心理的影响下，你从来不会有过多的奢望，而是会认为好事一般轮不到自己，所以，你也很少会失望。

其实，以悲观的心态面对人生，对你相当不利。因为你会一直担心自己要失败，所以一直不敢尝试，迈不开步伐；而当你遇到困难时，悲观的心理会使你觉得人生更灰暗。

你需要试着用积极上进的态度面对身边的人和事，就算偶尔遇到一些挫败，也不要就此止步不前，你要渐渐培养起自己的信心，如此，才能突破自我，重建自我，从而开始全新的人生。

总分为 8 ～ 14 分的人：

你是一个既不会太悲观，也不会太乐观的人，态度比较中立。不过，只要你学会以积极乐观的心态面对人生当中的起起伏伏、是是非非，你还会变得更加成熟，更加优秀。

总分为 15 ～ 20 分的人：

作为一个标准的乐观主义者，任何事你都会往好的一方面去想。你认为你的人生一直都会充满阳光，充满希望；即使遇到困难，你也会将失望扔在脑后，依然积极地享受生活。不过需要提醒你的是，过分乐观有可能使你粗心大意，对祸患没有防备，反而会误事。

〖心理瑜伽第 21 式〗

1. 良好的心态会改变你的命运

歌手出身的阿宗在娱乐圈摸爬滚打了 26 年。刚刚踏入这个领域时，血气方刚的他没有太多的顾虑，每一次演出都很专心，不论从自己的造型设计上，还是表演的技巧上，都能做到精益求精，大胆创新。

然而，人们对于他的努力非但没有认可，还对他进行人身攻击，说他在舞台上半人半妖，不男不女，歌词写得蛊惑人心等。

一次，在他的个人演唱会上，为了带动观众的情绪，他将头上的帽子顺着舞台风扔向观众席，可是帽子又被观众扔回了舞台。顿时，满场的嘘声灌入了阿宗的耳朵里，倒彩声声，令人心碎。

后来，他在一期电视节目中回忆起这段往事时说："其实我很感谢那些为我喝倒彩的观众，因为他们使我变得坚强，我终有一天要证明给他们看，我能行。"他的这句话在不久之后，果然得到了证实，他真的做到了，他拥有了越来越多的忠实粉丝，也获得了音乐事业和演艺事业的双丰收。

阿宗是个特别爱笑的人，见过他的人都说只要一眼看见他，便被他的笑容感染，原本不愉快的心情也能得到释然。朋友们对他最多的评论就是，不论生活中遇到什么事，他都会保持一个良好的心态去面对，乐观积极，笑面人生。

人只有在放下包袱，全身心地去寻找快乐和感受快乐的时候，才能忘记所有的忧愁烦恼；而一个笑容，不仅会让别人心生暖意，还能给自己带来信心和勇气。

面对生活中的各种苦恼和烦闷，甚至别人的指指点点，肆意评论，没有几个人能真正做到泰然处之。然而一旦真的进行尝试，并且做到了，你就会发现，这些其实并不难。心，毕竟还是自己的，不以物喜，不以己悲，保持乐观的心态，将一切都看开，你就可以将所有的忧愁一并化解。

2. 笑一笑，十年少

不同的国度，有着不同的语言和文字，真诚的微笑却是世界通用的，代表着友好与快乐的肢体语言，而且，经常开怀大笑的人，身体也会格外的健康。

近几年不断有新闻爆料明星患上抑郁症而自杀，韩国接二连三的明星自杀事件也证实了抑郁症对人的危害比癌症更可怕。

生活当中的不如意导致人们的痛苦指数不断上升，由此，忧郁症对人们的侵染也越演越烈，症状严重的患者甚至还有轻生的念头。据相关部门研究的数据显示，平均每 100 个人当中，就有 3 人被忧郁症困扰。

其实，忧郁症并非不治之症，"忧郁"当中有一个"心"，这说明忧郁症的发病源头在于人的心。一个经常面带笑容、心情愉悦的人，即使遇到所谓的“绝境”，也终会战胜一切，“绝处逢生”。

中国人常说“笑一笑，十年少”。其实，笑对身心健康的功效已经得到了中西方医学专家的普遍认可。

“笑是人类与生俱来的一种特质，笑也很复杂，蕴含着丰富的学问。”美国心理学家史蒂夫·威尔逊对笑的作用进行了多年的研究，结果证实，笑对人类的身心健康有着非常积极的意义，于是他开始了动员人们开怀大笑的“世界欢笑旅行”。

经常会有很多人，因为工作和生活中有太多的不顺心，整日里愁眉苦脸。其实，笑比皱眉更容易。当一个人在笑的时候，脸部调动的肌肉数量较少，用力也要小一些，皱眉的时候则相反。少一点愁眉苦脸，多一丝微笑，不仅能让你变得英俊、气质更佳，还能使周身神经系统处于平和的状态，激发快活的生命激素，好心情，好精神，身体自然会变得健康。

第 22 堂：翻转一面就是天堂

古人云：“塞翁失马，焉知非福。”其实这句话是有出处的：

在边境一带，居住着一位擅长占术的老人名叫塞翁。一次，他们家饲养的马不知何故，跑去了胡人的领地。

得知此事，邻里乡亲们都来安慰他。可是塞翁说：“别着急，或许这是件好事。”

果不其然，几个月之后，他们家丢失的那匹马竟把胡人的良马一同带回来了。

得到消息，街坊们都前来祝贺。可塞翁又说：“别高兴得太早，或许这不是件好事。”当时，大家光顾着高兴了，没有人把老人的话放在心上。

塞翁有一个儿子非常喜欢骑马。一天，儿子想骑上这匹新来的马四处炫耀一番，却不慎从马背上跌落，大腿摔骨折了。之后很多人都到他家去安慰他们爷俩，有的还帮忙请来了郎中。塞翁说：“别伤心，或许这会给我们带来好运。”这话听上去莫名其妙，很多人听了都很不理解。

过了一年，胡人大举入侵边境一带。当地的壮年男子都纷纷被征入伍，拿起武器去战场厮杀，唯有年事已高的塞翁和他那摔断腿的儿子没有被征去参战。

生活中很多事情都具有两面性，好事有可能带来坏事，坏事也有可能带来契机。同样一个世界，有黑白两面，有善恶两种。当一个人遭遇不公时，如果换一种思路，将自己的视角翻转 180 度，或许，又会得出不同的结论。

小李是电子商务专业毕业的，虽然他在毕业一年当中从事的职业与所学的专业毫无关系，但他依然任劳任怨地勤奋工作。

作为一名在线咨询师，小李每天都要坚守着网络营销系统，同时还为公司开拓网络市场集思广益，全身心地付出，受到了大家的一致好评。

两个多月之后，公司招收了一名新人。小李受领导之命，给新人进行岗前培训。新人学习能力很强，很快就掌握了公司的业务，随后她变得非常傲慢无礼，根本不把小李放在眼里，甚至动了邪念。先是千方百计地讨好领导，见时机成熟之后，就挑唆领导开除小李。

面对新人的过河拆桥和领导的昏庸，小李没有多加追究。他看得很开，商业职场中发生的一切都是顺理成章的。一家企业，有人来，就有人走；有人拿出诱惑，就有人争抢实惠，并且为谋私利，明争暗斗，互相拆台。所以，他只是离开了这家单位，没有记恨，没有委屈。后来，他又被另一家单位录用，得到了领导的赏识和重用。试想如果他总是抱怨不公，不努力争取，又如何去成就理想？

人们常说，艰苦中蕴含着对成功的向往，只要越过困难的天堑，就能无限地逼近目标。能成大器的人不会把困难视为自己的地狱，而是把它看作黎明前的黑暗，胜利前的曙光。某一阶段的“结束”，其实是一个新的开始。

〖测测你的阳光指数〗

或许在别人看来，你聪明机灵，也很开朗自信，但是你的内心究竟是什么样的呢？通过以下测试来看你内心的阳光指数是多少：

1. 你经常觉得时间过得很慢吗？

A. 是——转到 2

B. 不是——转到 3

2. 一个周末的清晨，你会选择用哪一种你喜欢的方式来消磨时间呢？

A. 户外运动，或者逛街购物——转到 3

B. 独自晒着太阳，一边喝饮品，一边看书，直到中午——转到 4

3. 你比较擅长做以下哪一种食物？

A. 午后甜点——转到 4

B. 西式大餐——转到 6

4. 你比较喜欢用哪一种运动方式保持完美身材？

A. 轻松地慢跑——转到 5

B. 专业的田径运动——转到 6

5. 你感觉自己有多少个知心朋友？

A. 一个或没有——转到 6

B. 两个以上——转到 7

6. 以下哪种花更能吸引你？

A. 百合，优雅淳朴——转到 8

B. 雏菊，娇小乐观——转到 7

7. 你愿意为你的朋友两肋插刀吗？

A. 愿意——转到 8

B. 没这么冲动——D

8. 你比较喜欢喝以下的哪一种饮料？

A. 汽水之类的碳酸饮料——转到 9

B. 奶茶之类——E

9. 你愿意牺牲睡觉的时间跟朋友一起玩通宵吗？

A. 愿意——C

B. 不会的——转到 10

10. 你平时感兴趣的话题多吗？

A. 很多，不计其数——B

B. 一般吧，不太多——A

答案解析：

A. 阳光指数 50%

你很内向，不喜欢向别人敞开心扉。但是大家都知道，你心地善良，只是不善于表达。你可以试着主动融入集体中，跟大家交流沟通，这样你就能渐渐成为一个内心充满阳光的人。

B. 阳光指数 72% 。

你的阳光总能令朋友们感到亲近，然而你的固执己见也总会令人抓狂。你应当试着接受他人的意见，这样，既能维持你跟朋友之间的友情，又能使自己的心情放轻松。

C. 阳光指数 99%

你是一个能将阳光带给更多人的乐观主义者，交际能力一级棒。你能为朋友两肋插刀，也很会调节自己的情绪，所以，一般不会受外界过多的影响。

D. 阳光指数 33%

你多愁善感，不善言辞，跟别人交流会显得有些紧张。只要收起坏心情，给大家一个笑脸，时间久了就会慢慢有人愿意接近你。

E. 阳光指数 60%

虽然你的内涵丰富，但不善于交际，应该将视野扩大，学会与他人相处。

心地善良的你是一个很好的聆听者与合作伙伴，对待家人朋友也很体贴。需要注意的是，面对社会上形形色色的人，要放聪明一点，这样能帮助你结交更多更优秀的朋友。

〖心理瑜伽第 22 式〗

1. 将视角翻转 180 度，坏事也许会变成好事

有家单位要给员工分房，其中有两个资历差不多的同事都被分到了八楼上。由于这栋楼没有安装电梯，家中的孩子还太小，所以他们觉得很不方便。

当得知有些比他们资历差的同事被分到了三、四层的时候，其中一个人火冒三丈，说道：“我们比那几个人资历高，好楼层凭什么让他们占了去？”于是，他天天拿老婆孩子撒气，还时不时地冲着单位领导大吵大闹，上下级的关系也因此搞得很紧张。至于他自己，也没能好过，病了一场。

另一位同事身体较弱，但从来没有因为被分到较高楼层而怨天尤人，而是将爬楼作为每天必需的体能锻炼，鼓励孩子一起锻炼。结果，自己跟孩子的身体都变得比以前健壮了。这样一来，坏事反变好事，皆大欢喜。

一个老太太，有两个女儿，大女儿卖鞋，小女儿卖伞。下雨天，她担心大女儿的鞋子卖不出去；大晴天，她又担心小女儿的雨伞卖不出去。于是，这位母亲不论天气好坏，都会闷闷不乐。

后来，有人跟她说，雨天时，卖伞的女儿有生意；晴天时，卖鞋的女儿有生意。所以，不论下不下雨，两个女儿都能挣到钱，应该高兴才是。

后来这位母亲想通了，于是，一家人整日里笑逐颜开，再也不犯愁了。

由此可见，不同的心态会导致两种不同的选择，也可以验证两种相反的结局。

生活中，很多人会跟故事中的老太太持有相同的思维模式，每当严冬来临，雪花纷飞，整座城市银装素裹的时候，这些人没有心思去欣赏美景，只是抱怨天气恶劣，身体吃不消等。如果换一种角度思考，“冬天麦盖三层被，来年枕着馒头睡”，大雪融化之后，粮食就能及时吸收水分，来年定会有一个好的收成，人们就能吃上新鲜的粮食，如此，还需要对着皑皑白雪，唉声叹气吗？

2. 意随心动，可以扭转乾坤

我们不妨设想一下，如果张贤亮一生只养山羊，结果恐怕只能是宁夏又多了一位平凡的企业家，整个中国却少了一个优秀的作家；倘若刘翔当初只练跳高，那么在中国只能是多了一个平凡的跳高选手，而世界的大跑道上则会失去一名优秀的跨栏运动健将。

有时，眼前的道路突然转了弯，分了岔，这时，你会如何选择？

假如一个人一生只做一件事，那么，他需要的是一定的资本和强大的毅力；倘若选择换一件事去做，那就需要一点点幸运和足够的胆识。

然而任何事情都不是绝对的，很多时候，换一种思路去做另一件事，或许也会使人变得豁然开朗；要是仍然坚持继续做之前的事，说不定你只会在一片迷茫之中越陷越深。只是一念之间的选择，得到的结果却有可能是截然相反的两种感念。

人们常说不快乐的思想和作为，一般很难有成功的可能。所以，不如静下心来，问问自己究竟需要什么，找到答案之后再行努力。“自愿”跟“不自愿”，有时候就像一张纸的正反两面，人的一生，有时候是要意随心动，不要凭借一味的理性，判断做一件事对自己是否有利，其根本就在于这件事是否是你自愿去做的，能否让你觉得快乐。

心理瑜伽第三学期：攻打事业的江山

第23堂：爱美人，更爱江山

中国自古就有“英雄配美女”的佳话，一代天骄成吉思汗在世时，后宫究竟有多少佳人，一直都是后世探究的谜题。但根据史书的记载，成吉思汗并非一个贪恋女色的人物，否则，他就没有精力去统一草原，称霸一方，最终建立蒙古帝国。

成吉思汗是一个自制力很强的人，他规定自己一个月只能喝三次酒，每次不能超过三杯。他虽然跟所有的男人一样，看重女子的美貌，但不同的是，成吉思汗对每一位后宫佳丽的优缺点都了解得非常清楚，并且尽可能地利用她们的长处，避免她们的短处，平衡整个后宫，使其井井有条。

所以，尽管得到成吉思汗宠幸的美人很多，但他却从来没有因为贪恋美色不能自拔而导致朝廷大事无人过问，甚至殃及百姓。

自古很多贤明之主都因为怕被美色迷惑了神志，最终耽误国家大事而忍痛割爱，把心爱的女人处死。如汉武帝赐死李夫人，唐明皇赐死杨贵妃，都是不得已而为之。而成吉思汗却没有这么做，他将美女们的特质分析得很透彻，为我所用。可见成吉思汗毅力之强大，为人之英明。

与成吉思汗不同的是，多尔衮的一生却没有那样幸运，虽然他也是妻妾成群，有权有势，但最为喜爱的，想要携手共度一生的女人只有皇嫂大玉儿。只可惜由于当时的历史背景，两人到最后也没能实现有情人终成眷属的心愿。

“古来皇帝皆薄情，唯有满清痴情帝。”

努尔哈赤起兵之初，正是为了叶赫那拉的那位公主；皇太极一生挚爱唯有辰妃；顺治帝福临，只为皇贵妃董鄂氏而活；康熙帝玄烨，虽然后宫人丁兴旺，子女甚多，但最爱的依然是英年早逝的皇后赫舍里氏；风流才子乾隆帝弘历，也对第一任皇后念念不忘；清朝最后一位皇帝光绪帝，也是专宠珍妃一人。

虽然历史上能够在复杂的朝廷之上稳操胜券的帝王将相没有一个不爱美女的，但他们却没有一个因为爱美人而痛失江山。成吉思汗统一了蒙古草原；皇太极建立了清朝；顺治帝推行满汉合一；康熙帝诛鳌拜，平三藩，收台湾，堪称千古一帝；乾隆继承并延续了康雍盛世；光绪推行新政变法。他们无疑都是痴情男儿，却没有一个为了红颜而不顾江山社稷。

时光飞逝，岁月带走了一代又一代痴情男儿的夙愿，却没有将这种情怀彻底消除。当今，依然有很多痴情男子，为了将来能跟心爱的女子一起经营生活，不惜牺牲自己多年的时间和精力，甚至放下个性和自尊，跟社会上的各路对手进行激烈地角逐。

真正的男人会守住自己的那份坚强，坚定信念，用智慧和勤奋换回事业跟爱情；而“伪男”则只会沉浸在与美人的寻欢作乐之中，浪费青春，虚度光阴，直到最后，美人随了他人，自己得来的，只能是一场空。

〖测测你的事业心有多强〗

忙碌的工作使人身心疲累，人们渴望假日期间能够尽情地休息和玩乐。有些人会选择去游乐场痛痛快快地玩几个回合的机动游戏；有些人则会去享受舒服的 SPA。你呢？你会选择用什么样的方式缓解多日积攒的压力呢？

下面就来做一道测试题，看看你的事业心究竟有多强。

题目：盼望已久的假日终于到了，如果要出去消遣一下，你会选择去以下哪种场所来缓解繁忙工作带来的压力呢？

A. 人文庙宇

B. 木屋水疗

C. 主题乐园

D. 田园农场

答案解析：

选择 A 的朋友：

你是一个倾向于自己创造未来的事业能手。

你虽然很欣赏古物，思想却并不守旧，相反的，你更喜欢按照自己的设想去走自己的事业之路，思想新潮，拒绝循规蹈矩。你的内在风格也很独特，是一个极其有想法的人，能够凭借自己的头脑跟努力创造出一番有异于社会主流的事业，并将自己的创意推向高峰。

选择 B 的朋友：

你是一个安于现状的人。

闲暇时光选择去南洋情调木屋泡 SPA 的你，非常懂得精神层面的享受。你喜欢让全身都得到放松，不喜欢琐事干扰你的情绪。这说明你并不贪恋物质给予的满足。所以，你的事业心并不强烈，争名逐利非你所愿，你只会安分守己，享受属于自己的那份小幸福。

另外一点，安于现状并不表示你对自己完全没有要求，你只不过是定位不高而已。你做事从来都是遵循“刚刚好”的标准，缺乏向前迈进的动力。

选择 C 的朋友：

你是一个理想远大的人。

喜欢去主题乐园的你，很会规划自己的事业。你希望自己能够不断向上流社会靠近，社会地位越来越高，更希望自己的经济实力能高人一等。由此看来，你是一个事业心极强的人。

对于你来说，亲情、友情、爱情都是你在拼搏事业过程中的附属品，甚至是累累战果。在你达到一个目标之后，一般不会满足，你还会挑战更高的难度。你的事业心和野心也会不断提升。

选择 D 的朋友：

你是一个顾家的好男人。

选择去田园农场放松心情，能够侧面地反映出你是一个兼顾事业和家庭的好男人。在你的意识里，家庭和事业同样重要。工作时，你总是保持充沛的精力，以及过人的魄力，是一个典型的工作狂；但是一回到家，你便不再将工作中的情绪带给家人，而是抛开一切烦恼，享受天伦之乐。这样的心态让你在家庭和事业上都很顺心。

〖心理瑜伽第 23 式〗

1. 没有事业就等于一无所有

小徐是一家广告公司的策划，今年 26 岁，她的男友比她小一岁。

平日里两人的感情非常好，男友几乎用整个生命去爱小徐，但他能给小徐的也只有这些了。他的工作很不稳定，每个月的薪水甚至还不如小徐的多。如果此时小徐向他提出结婚，一个连最基本的日常花销都应付不了的男人，又怎能养家糊口？

然而，小徐是个个性张扬且有事业心的女强人，能力上的差距常常让男友很自卑，没有安全感。

小徐回忆说，男友把多半精力都放在了她的身上，把她当女王一样宠着。男友的业余时间就是陪她，甚至不愿意将她工作以外的时间让给任何人，即便是小徐的女性朋友也不允许。

这让小徐十分犹豫，她并不急于结婚，虽说年龄已经不小了，父母也在催促，每当得知昔日的同窗好友都一个个结了婚，有了孩子，她也会很向往那种安定快乐的家庭生活。但是，就她男友目前的状况而言，这个看似平凡的愿望却几乎不可能实现。虽然金钱不是万能的，但在一种高消费的年代里，没有金钱还真的是万万不能的。

经过深思熟虑之后，小徐还是跟男友提出了分手。因为她认为，对于一个顶天立地的七尺男儿来说，没有事业，就等于一无所有。没有事业心，就说明没有上进心。

其实她的选择没有错，没有一个女人会死心塌地爱上一个没有上进心的男人，因为这样一个男人给不了女人幸福的生活，更给不了她安全感。

2. 事业男，不缺好女人

无数女人见了成龙都为之倾倒，也曾有人问过他，在演艺事业上跟无数位美女都有过合作，会不会有一种眼花缭乱的幸福感。成龙的回答很朴实：“漂亮的女人实在是太多了，追是追不完的，所以，我只要得到一个好的就足够了。”

由此可见，在备受瞩目的巨星成龙的心目当中，演艺事业远比任何一个女人都更重要。

成龙曾开玩笑说，如果放弃工作，他会做个好丈夫、好父亲。可是现实告诉他，这些都是难以实现的，他终究还是一个事业型的男人。

成龙坦言，为了工作，他曾辜负过很多红颜知己，但他的事业心依旧坚定不移。在他的心目中，电影永远排第一，父母、亲人、爱人、兄弟等，都只能排在事业之后。所以，女人是绑不住他的。

面对众多仰慕他的美女，成龙甚至还说过，女孩子喜欢上他不是一件好事，反而会变成“受害人”。因为自己并不是很懂得浪漫的男人，平日里大部分时间也都献给了事业，而且，他根本不会在一个女人身上轻易付出太多。如果女人对他只是一厢情愿，那么，这种畸形的恋情也不会长久。

实际上，没有哪个男人不爱美女，每个男人都梦想得到一个美丽的情人或者妻子。只是，一个成熟稳重的男人，绝不会因为贪恋美色而误了前程，因为他们清楚地知道，现实生活中，不可能出现琼瑶小说里的情节。小说中的人都是不用顾虑“柴米油盐”的“神仙”，他们不必为生活中的琐事操心，更不会担心自己的孩子会没有钱上好的学校，接受好的教育；如果自己生病了，也不必害怕担负不起医药费……

如果只是对着文学作品畅想未来，未来是不会给你幸福的。所以，一个成功的男人，一定要在认清现实的基础上担起责任，并且驾驭现实，努力拼搏，直到拥有一席之地。而这样的男人，从来不必担心没有好女人倾心于自己。

第 24 堂：责任重于能力

美国总统奥巴马曾在他的就职演讲中强调：“这是一个要负责任的新时代，这个时代非但不能逃避责任，还要鼓起勇气，拥抱责任。”

责任感能让一个人在芸芸众生中脱颖而出。一个人的成功，往往取决于他追求卓越的精神和不断超越自己的努力。一个人如果没有责任感和使命感，就不会付出努力；没有努力，自然难以取得成功。

我们可以看到，在社会上，能力出众的人比比皆是，可是为什么他们也会有成有败呢？从企业用人的角度上，或许可以分析出其中的原因。每家正规的企业都只愿意雇用有责任感的人，因为对于任何一家企业来说，没有责任和使命，就没有未来。甚至可以这么说，责任胜于能力。

世界华人最权威、最资深的实战培训专家之一余世维曾强调：责任胜于能力。他认为，敢于承担责任的员工才有机会被赋予更大的责任。也就是说，一个充满责任感的人才有展现自己能力的机会。能力是在承担责任的过程中一点一点地体现出来的，没有责任就没有能力。

在职场中，永远没有做不好的工作，只有不负责任的人。即使你处在平凡的岗位上，只要你以认真负责的态度去工作，也能取得出色的成绩。所以，人应当掌握自己的命运，对自己负责，主动积极，不求上天的馈赠。毕竟，唯有实干才可以改变命运。

有这样一则故事：某地发大水，每个人都在求生，有位老兄却固执己见，认为只要自己足够虔诚，上帝就会解救自己。然而，上帝给他三次被救的机会却都被他错过了。

第一次，洪水就要漫过他家前厅的门槛了，有位好心人开着四轮卡车路过他家，说要载他去安全的地方，但是被拒绝了；第二次，水面继续上升，有人划船经过时要把他带到安全的地方，又被他拒绝了；第三次，水面已经漫过了屋顶，这位老兄命悬一线，此时一架直升机飞过，抛下绳子来营救他，依然被他拒绝了。

临死之前，这位老兄绝望地对着苍天喊道："我的上帝啊，我如此的虔诚，如此的相信你，你为什么没有解救我？"

正在这时，耳畔飘来一个来自天堂的声音："我已经为你派去了一辆卡车和一条船，甚至一架直升机，你还想我怎么救你？"

一个对自己都不负责任的人，又怎么会给一家单位，甚至一家大型的企业带来收益呢？即便是有足够的能力，也难成大器。

对于一个企业来说，其中的每一名成员都起着至关重要的作用。中国有句俗语："国家兴亡，匹夫有责。"如果每一个人将这种精神落实在对企业的责任和忠诚上，将"公司兴亡，人人有责"的理念贯穿始终，那么，任何困境都不能阻止这家企业的日益壮大，将这种道理延伸到更大的层面上说，假如每个子民都有强烈的责任感，那么这个国家就会变得强盛。

作为一个男人，无论是在企业，还是在家庭当中，责任感都重于一切，因为只有一个具备责任心的人，才能撑起一个家庭、一份事业、一个安稳的未来。

〖测测你的责任感〗

1. 赴约的时候，你一般都会很准时吗？

A. 是（1分）　　B. 不是（0分）

2. 你觉得自己是一个可靠的人吗？

A. 是（1分）　　B. 不是（0分）

3. 会议开始以前，你会先梳理一下思路，准备好了再去吗？

A. 会（1分）　　B. 不会（0分）

4. 如果有朝一日你发现自己的朋友在做非法生意，你会报警吗？

A. 会（1分）　　B. 不会（0分）

5. 即使你在外出旅游找不到垃圾桶时，你也从不乱扔垃圾吗？

A. 是（1分）　　B. 不是（0分）

6. 你经常做些体育锻炼来保持身体健康吗？

A. 是（1分）　　B. 不是（0分）

7. 你会拒绝那些高脂肪或者含有害健康物质的食物吗？

A. 会（1分）　　B. 不会（0分）

8. 你总是在干完正事之后再做休闲娱乐的事情吗？

A. 是（1分）　　B. 不是（0分）

9. 你一直都在争取所有的选举权利吗？

A. 是（1分）　　B. 不是（0分）

10. 你总会在一两天之内回复他人给你的信件吗？

A. 是（1分）　　B. 不是（0分）

11. 你坚信既然决定要做的事，就一定要把它做好吗？

A. 是（1分）　　B. 不是（0分）

12. 即使你生病了，也不会失约吗？

A. 是（1分）　　B. 不是（0分）

13. 上学期间，你都会按时交作业吗？

A. 是（1分）　　B. 不是（0分）

14. 小时候，你经常帮父母做些力所能及的家务吗？

A. 是（1分）　　B. 不是（0分）

答案解析：

总分为 9 ~ 14 分：你的责任感很强，平日里做事很谨慎，也很懂得尊重他人。你待人诚恳，为人可靠，是个值得信赖的人。

总分为 3 ~ 8 分：多数情况下，你都是很有责任心的，只是有时候对于某些事会考虑得不是很周全。

总分为 2 分以下：你是一个只知道逃避责任，为自己找托辞，没有一点责任感的人。你最怕别人叫你负责，不喜欢遇到麻烦的事，这样会渐渐被他人孤立，你也很难结交到知心的朋友。所以，你需要培养自己的责任心。

〖心理瑜伽第 24 式〗

1. 责任感是成就一切的基石

责任对于每个人来说都是一种与生俱来的使命，责任感是我们成就一切的基石，它伴随着我们生命的始终。在我们成为社会中一分子的那一刻，我们身上就有了不可推卸的责任：对家庭的责任、对工作的责任、对社会的责任和对生命的责任。

有人曾经做过这样一个形象的比喻：我们每个人都像是一个圆心，被许多同心圆所环绕，从我们自己的圆心出发，第一层圈就是父母、爱人和孩子；第二层圈就是亲朋好友等；第三层圈是我们所属的群体；最后一层就是整个人类。责任构成了人类社会的基础，是人类社会和自然界至高无上的法则。

责任感也是成就卓越的动力，小到个人、家庭，大到企业、社会，乃至整个人类的生存与发展，都离不开责任的推动。

《把信送给加西亚》这本持续热卖的畅销书，给人们带来了巨大的触动，书中讲述了这样一个故事：

在美西战争爆发时，美国总统克利夫兰急需要把一封事关国家安危的信件交给古巴起义军首领加西亚。

然而，偌大一个国家，没有人知道加西亚到底在哪里，克利夫兰总统也没有对方的任何联系方式。在总统一筹莫展之时，军事情报局局长阿瑟 · 瓦格纳上校说："华盛顿有一个叫罗文的中尉，他一定能够把信送到！"

于是，总统向罗文下达了最为简洁的命令：把信送给加西亚！

罗文接到命令后，没有继续询问“加西亚在哪里”“为何让我去”“如果完成了任务，我能得到什么奖励”等问题，他只问了自己一个问题：我怎样才能把信送给加西亚？

抱着“必须完成任务”的信念和责任感，罗文上路了，他一路奔波，遇到无数的困难，甚至有几次险些丢掉了性命，终于奇迹般地完成了这项在其他人看来“不可能完成的任务”，最终把信交到了加西亚手中，并及时地带回了很重要的军事情报。

罗文也因此被晋升为上校副官，克利夫兰总统亲自给他发来贺信，感谢罗文把他的愿望送给了加西亚将军，贺信的最后一句是：“你完成了一项了不起的任务！”

后来，罗文的事迹成了美西战争史上光辉的一页，被后人口口相传，不断赞颂。

罗文之所以能够完成任务，源于他不折不扣主动完成任务的责任感。责任就是分内应该做好的事情，是做好应该做好的事情，承担应该承担的任务，完成应该完成的使命。

2. 一盎司的责任胜过一磅的智慧

一家外贸公司的老总要乘飞机前往美国进行一个非常重要的商务谈判，还要在国际商务会议上发表演讲。时间紧迫，老总要求小丁负责写好演讲稿，小赵负责写谈判方案，以备使用。于是，老总身边的几个能干的优秀员工都开始忙碌起来。

老总出国的早晨，大家都出来送行。此时，部门主管问小丁演讲稿打好没有，小丁睡眼惺忪，很吃力地定了定神说：“这份稿子我写了一整夜，凌晨4点才写完英文版，实在困得不行，就去睡了。我知道老总不懂英文，等他上机后，我立即去公司将演讲稿打好，然后用电讯传过去。您放心，稿件内容不会有问题的。”

时间差不多了，老总去公司向部门主管要写好的演讲稿。小丁的主管将实情告诉了老总，老总却大发雷霆，对小丁厉声喊道：“这不是耽误时间吗？我原本打算在飞机上与同行的外籍顾问讨论一下演讲稿。而且，你知道我不懂英文，为什么不准备一份中文的呢？”小丁听了老板的话，知道自己误了事，吓得脸色惨白。

至于小赵，则彻夜未眠，他将方案的内容做得很仔细，既全面又有针对性，而且经过了周密的市场调查以及分析，并将谈判中可能出现的问题一一列出，写明对策，甚至连谈判地点的选择都考虑在内。

到达美国之后，老总将小赵为自己准备的谈判方案展示给众人。因为小赵的方案做得非常周全，使得老总跟美国的公司进行谈判时一直掌握主动权，最终赢得了谈判。

胜利归来的老总回国后毫不犹豫地提拔了小赵，开除了小丁。

美国作家阿尔伯特·哈伯德认为，一盎司的责任感往往胜过一磅的智慧。

真正杰出的员工并不是比别人有更大的天赋和能耐，只是踏踏实实地顶起了一盎司的责任，比别人多了一份细心和忠诚。

一个公司的兴盛与衰败不仅仅取决于核心人物，每一位员工的责任感和使命感都在其中起到了至关重要的作用。一个人，可以不英明，也可以没有精湛的技术，但是一定要有一份责任心。因为，没有哪个老板会看中缺乏责任意识的员工，自然也不会给他更多发展的机会。

第 25 堂：只有想不到，没有做不到

在学校里，你可以学到专业知识，进入社会，你能够逐渐培养自己的气质，但真正的能力却是任何一本书都教不会的，而见证能力的重要标准之一，就是你创造出来的业绩，取得的成就。

很多人下意识地认为，自己只是个平凡人，很多事情也只能幻想一下，不奢望自己能做到。其实这种心理是极其错误的，在这个世界上，没有做不到的事，只有想不到。

有这样一个有趣的故事：一位父亲问孩子说：“你会做生意吗？”孩子很天真地回答：“当然知道，做生意就是将东西买回来，然后再抬高价格卖出去。”

父亲笑了，摇摇头又问他：“芝麻多少钱一斤？”孩子回答说：“1 元。”

“那糖又是多少钱一斤？”父亲又发问，孩子回答说：“2元。”

“那么芝麻糖多少钱一斤？”

孩子很快就得出了结论：“5元。”

父亲得意地说：“怎么样，明白了吗？做生意的秘诀就在于此。很多东西其实就是将物品的功能叠加再叠加得来的。”

其实，这就是一种商业头脑。做生意的人为了赢得利润，集思广益，大胆实践，甚至做很多投资。然而，现在做生意最大的难度并不在此，而是体现在发现新亮点以及具体的操作手法上。所以，单纯地将事物的功能叠加再叠加已经无法谋得更高利润了。

在美国一个乡村里住着一个老人，他有三个儿子，大儿子和二儿子都在城里工作，只有小儿子和他在一起相依为命。

一天，有个陌生人来探访老人时说：“老人家您好，我想带您的小儿子去城里工作，您看如何？”

老人身边只有这么一个儿子可以随时照顾自己，当然不乐意被人叫走。于是老人很不客气地说：“没门儿，你滚吧！”

这个人依然不慌不忙地说：“老人家，如果我说要在城里为您的小儿子讨个老婆，您说怎么样？”

老人还是不答应，摇摇头说：“不行，你快滚出去吧！”

这个人没有就此放弃，又说：“如果我要撮合您的小儿子同洛克菲勒的女儿结婚呢？”

老人没有立即回答，想了又想，终于还是认可了。

故事还没有结束。这个聪明的人又找到了美国首富石油大王洛克菲勒。他说：“尊敬的洛克菲勒先生，我想给令爱找个好伴侣。”

洛克菲勒毫不客气地说：“快滚！”

这个人又说：“如果我说，给您找的未来女婿是世界银行的副总裁，如何？”洛克菲勒欣然接受了。

最后，这个人又辗转找到了世界银行总裁，并对他说：“我尊敬的总裁先生，请您立即任命一位副总裁。”

总裁先生一头雾水，说：“不可能，我要这么多副总裁干什么？”

这个智者说：“如果是洛克菲勒的女婿被您任命为副总裁，您不会觉得很光荣吗？”结果是，总裁先生同意了。

这个人通过奇思妙想，将原本不可能有联系的三个人联系在了一起，也因此而改变了很多人的命运。由此可见，一个不会思考的人，他的生命会是平庸的，他的生活也会是索然无味的，而只要他有想法，并且切实可行，就一定能够做到。

想不到，永远不可能做到，只有想到了，然后坚定一个信念，并且持之以恒，命运之门才能为你敞开。

〖测测你的做事能力〗

假设某天你来到一个荒漠，气温很高，你喉咙发干，渴得难受，周围却没有水源。这时，你突然发现远处好像有一只瓶子，你走进一看，确实是一瓶水，此时你会怎么做？

A. 不明水源最好别喝

B. 一饮而尽，解了渴再说

C. 喝完一半，剩下一半节约着喝

D. 喝几口，放回原处

答案解析：

选择 A 的朋友

你平时为人处世比较欠考虑，对事物分析不够到位，或者有时疑虑过多（担心水有毒）。思想上的矛盾，会干扰你的判断。

选择 B 的朋友

你的眼光不够远大，做事只图眼前的利益。

选择 C 的朋友

有计划，有策略地将思路逐个实现，是你的做事特点。应该继续保持，敢想敢做，一切按照计划进行，循序渐进。

选择 D 的朋友

你需要为自己做一些更长远的打算，最好不要因为总是替他人指点而耽误了自己。

〖心理瑜伽第 25 式〗

1. 不怕做不到，就怕想不到

某企业将一名推销员从总公司派到欧洲分公司工作，他遵照总公司 CEO 的指示，面试时，将一张字条带给分公司总经理。其内容是："此人才华出众，美中不足的一点是他好赌。假如你能将他的这一恶习改正，他就能成为一名百里挑一的出色推销员。"

总经理看完纸条，就立即将推销员叫进办公室进行了解。总经理问他这次想怎么赌，他回答说，赌总经理屁股左边有一颗胎痣。如果没有，他就输给总经理 500 美元。

总经理一听就乐了，心想自己的身体自己最清楚。于是很激动地宣布，推销员输了，命他拿钱。接着，总经理便脱掉裤子，让推销员仔细检查了一番，证明没有胎痣，推销员把钱给了总经理。

事后，总经理跟总公司 CEO 通电话说："今天那位推销员被我彻底整治了。怎么样？这叫以其人之道还治其人之身。"

然后，他将事情的整个过程讲了一遍。

可是，CEO 听完叹了口气，说："实际情况是这样的，他去找你之前跟我赌 1000 美金，说他能在见到你的五分钟之内让你脱裤子给他看屁股。"停了一会儿，CEO 又说："不过没关系，之前我和董事长赌 5000 美元，说你会听那个推销员的话，给他看屁股。"

在这场连环计中，所有的人都在算计，但每个人又都是笨蛋。

很多人都把别人视为自己的赌注，同时，却又成为别人的一个筹码。每个人都是被利用的笨蛋，然而最终能将自己的损失降低到最小的那一个，是整场博弈中最大的赢家。

有些时候，成为最小的笨蛋，也是一种成功。人生旅途中，是成是败并不重要，重要的是你努力去做了。人不怕没有光辉的业绩，就怕没有想法，没有勇气，不去实践。

2. 男人就要敢想敢做

敢作敢为，是身为一个男人必须具备的重要品质。只说不做，或者纸上谈兵，都无法实现理想。一个怀有崇高理想和奋斗目标的人，会比漫无目的、整日里无所事事的人更有希望获得成功。

在追求理想的过程中，关键要付诸行动，正确对待挫折。付出了未必一定就能成功，但不付出不行动则一定不会有收获。不管你设定了什么目标，一定要立刻行动。成功的秘诀便在于立刻行动。

对于一个理想远大的人来说，即便是没有实现最终的目标，他得到的结果也一定会比起点高出许多；而对于没有目标或者不思进取的人来说，则只能原地踏步。

崇高的理想，能够成就卓越的人生，然而对于那些只敢想而不敢做，或者是压根不愿做的人，成功就会遥遥无期。

著名思想家布莱克曾经在给一个病人做思想引导的时候讲过这样一个故事：

一位教授跟一个文盲是邻居，教授博学多才，整日里跷着二郎腿跟文盲说教，文盲非常钦佩这位博学的教授，总是很专注地聆听。

他们有一个共同的目标，就是成为有钱人。但是几年后，文盲成了一个货真价实的富人，腰缠万贯，教授却依然穷困潦倒，两袖清风，还是一如既往地高谈阔论自己的致富设想。

风帆，不挂上桅杆，是一块无用的布；理想，不付诸行动，是虚无缥缈的雾。成功在于信念，更需要行动。教授跟文盲最主要的区别就在于一个只会说，另一个却在听完别人的理论之后亲身实践了。

制定一个目标很简单，然而实现它却不那么简单，许多人都像个很好的策划者，对自己的一生做出了很棒的规划，但是却没有任何有效的行动，到头来，依然会是一场空。

敢想和敢做两者是相辅相成、缺一不可的。只想不做，只能产生思想垃圾，一辈子都不可能成为伟大的思想家，而只有脚踏实地，敢想敢做，才能最终获得成功，因为成功就像是一把梯子，双手放在衣兜里的人，永远没有可能会爬上去。

第26堂：方法总比问题多

任何问题都会有很多解决的办法，当一种思路无法解决的时候，我们大可以突破常规，用一种全新的视角去剖析问题，直到有效解决。

有位先生要租某家饭店的舞厅来举办一系列的讲座，每个季度都要用20个晚上。刚开始一切都很顺利，但是之后的某一天，先生突然接到通知，饭店经理要求将之前谈好的租金提高近三倍，可此时那位先生已经将讲座的入场券印好发出去了，并且公布了所有通告，没有退路了。

他当时压力很大，当然不想支付这笔天价的租金，可是如果自己气势汹汹地找饭店经理理论，说他没人性，就知道剥削他人财物，结果可想而知，估计就连继续租用这个舞厅的机会都没有了。

任何人都只考虑自己的兴趣，想到这一点，那位先生调整了一下情绪，整理了一下思路，几天之后，去见饭店的经理。结果经过和谐的谈判，饭店经理最终在租金问题上给予了让步，将百分之三百的租金费用降低到了百分之五十。

需要解释的一点就是，那位先生在谈判过程中根本没有谈及降低租金的请求，只是站在对方的立场上做了一些合理的分析。他告诉经理，假如他是经理，也会考虑提高租金，增加饭店收入，这样就不会被老板辞退。

然后，他取出一张纸，在中间画一条线，线的两边分别写上“利”和“弊”，“利”的下面写“舞厅空下来”。然后解释说：“假如经理把舞厅租给别人举办舞会或者大型会议，收入会比租给我当课堂多出很多，问题是现在暂时找不到来租赁的人，所以经理只好在我身上下工夫，提高我的租金。”

“但是，如果我没有能力承担昂贵的租金，只好被逼到别的地方去开课，就相当于饭店分文未挣。”随后，他将这一点列到了“弊”字的下面，然后说：“事实证明，我开的课程能吸引很多上流社会高水准的人士来你的饭店，这就是一个很好的宣传。比你自己在报纸上刊登广告的效果好上百倍。这样一来，饭店的收入就相当可观了。如果我不能继续留在这里开课，这笔收入也只能是一个假想了。”

于是，先生就把这一个好处、两个坏处分别列在纸上展示给经理看，说：

“尊敬的经理，希望你权衡利弊，考虑考虑，然后给我个答复。”

第二天，这位先生就收到了经理的妥协信，问题就这样以和平的方式解决了。

面临同一个问题，只是换一个角度，换一换心态，换一种方式，就可以得到很好的解决。

亨利·福特有一句名言：“如果成功是有秘诀的，那便是了解对方的心思了。”

人与人之间难免出现很多分歧，面对各种琐事带来的困扰，很多人会认为解决问题是件很麻烦的事，于是就选择暂时性的回避，或者以极端的表现来发泄自己的不满。其实，方法总会比问题多，只要出发点是善意的，站在他人的立场上思考，由此得出的解决方法，就会是最合适的。

〖测测你解决问题的能力有多强〗

下班的路上，你远远地看到有一群人在围观，但是由于距离较远，你也不能确定究竟发生了什么，只是隐约有种不祥的预感，你的直觉告诉你前方究竟发生了什么？

A．现场促销

B．有人被害

C．车祸

D．强盗被抓

E．群架

F．非法集会

答案解析：

选择A：

你乐观、开朗，甚至基本不会把一些事情的后果想得很糟糕，总是存有一定的侥幸心理。其实，这并不是勇敢的表现，而是一种逃避心理在作祟。你把问题都看得极其表面化，没有做深层的分析和理解，一旦稍微深入一点，你就会感到很抵触，不想去面对。你需要的是正视身边发生的事，敢于面对现实，刨根问底，并且采取有效措施来解决。

选择 B：

你个性坚强，一般情况下不愿意给别人添麻烦，凡事都往自己身上扛，靠自己摆平。但是个人的力量毕竟是有限的，如果你遇到了过多的问题，一时应付不过来，可以拜托身边的同事给予帮助，或者直接请教领导。

选择 C：

你比较喜欢循规蹈矩地做事，按照自己的逻辑思维来处理事物。但是，如果遇到问题，一个人的力量毕竟有限，还是需要大家的帮忙，不能一直孤军奋战，这样会影响办事效率。所以，你要尽可能跟周围的人处好关系，只有人缘儿好，才能得到更多的帮助和支持。

选择 D：

周围的人会觉得你很有心计，宁可将所有责任推卸给别人，自己也不能吃一点亏。久而久之，别人就会对你敬而远之。如果某天，当你遇到困难时，没有人愿意向你伸把手，那会是一件极其可悲的事，所以，平日里最好不要太过算计，否则真的会“聪明反被聪明误”。

选择 E：

你是一个思想不够成熟的人，总会在遇事时采用极端的方式面对，或与别人争执，或直接请辞，观点比较偏激。在职场上谁都难免被小人算计，在你遇到这样的问题时，一定要冷静处理，用智慧去解决。

选择 F：

很多人说你人见人爱，花见花开。善于交际的你一直很讨人喜欢，而有了良好的人际关系，会给你带来很多方便。然而过于依赖他人，也未必是件好事，那样你就会将自身的竞争力减弱，变得没有激情，没有爆发力。一旦被人视为拦路虎，挡住了别人的财路，你就会有被人打败的危险，所以，你必须使自己的实力不断加强，这样才能获得更多更好的成就。

〖心理瑜伽第 26 式〗

1. 站在别人的角度思考，是解决问题的最佳方式

小王晚上下班回家后发现儿子闷闷不乐，见了他就开始大哭大闹，说自己

不喜欢去幼儿园。通常，小王都会强制孩子去幼儿园，因为孩子总会服从大人，但他突然意识到这种方式非但不会让孩子自愿地去上幼儿园，还会令他越来越畏惧幼儿园，这一次，他没有再以同样的方式训斥孩子。

小王点了一根烟，思考了半晌，决定跟妻子一起正确引导孩子，他让妻子出面将隔壁邻居家的小朋友和他们的父母请到家里来做客，小朋友们在大人们的鼓励下画画、唱歌、玩游戏，气氛非常活跃。

玩儿得尽兴时，躲在一个角落的小王的儿子终于忍不住跑了出来，表示要参与其中。但是小王说："不行，这里的小朋友都在幼儿园里学过画画、唱歌、做游戏，如果你没学，就不能和他们一起玩儿了。不去幼儿园，就不能交到更多的新朋友。"

从那以后，小王的儿子便主动要求去幼儿园，性格也变得越来越开朗了。

很多人都习惯于将自己的意志强加给别人，对自己的要求反而很少。其实人们往往都会忽略这一点：人，本身都是以自我为中心的，为了维护自己的立场，人们大都不乐意接受他人的建议和指使，那么，我们就试着在开口之前先想一想，如何才能使对方心甘情愿地接受自己的意见。毕竟比起冒冒失失地命令别人，站在对方的角度思考出来的结果会更容易使他们接受。

2. 冷静沉着，才能找到两全其美的方法

很久以前，诺贝尔创办了一家生产炸药的工厂。由于当时生产工艺落后，工厂曾多次发生爆炸，包括诺贝尔的弟弟在内的很多人都死于非命，他自己也遍体鳞伤。

市民们唯恐这样的工厂再伤及无辜，干脆请求政府关闭诺贝尔的工厂。市政府当然顺从民意，强行命令诺贝尔将工厂转移到人烟稀少的安全地带。

诺贝尔只好忍着委屈，将工厂迁往另一座城市。但是没有想到，那座城市的陆地面积很小，多半都是水域，而且人居比较集中，想找一块绝对不会伤及居民的地方是不可能的。如果将工厂迁往人烟稀少的偏远山区，诺贝尔却又承担不起昂贵的运输费。此时的诺贝尔真可谓是进退两难，骑虎难下。

究竟应该怎么办？诺贝尔每天都在苦思冥想，终于有一天，他想出了一个不可思议的方法，他提出不妨就将工厂建在水面上，用一条大驳船做平台，生产车间、炸药仓库建在上面，然后用铁链固定在岸上，至于工厂的其余部分则

建在岸上。这样既可以保证周围居民的相对安全，又能因地制宜，建设自己的工厂，真可谓是两全其美。

在一个人遇到一连串的不幸时，第一个反应总是怨声载道，说自己命苦，上天对自己不公平，等等，情绪非常极端。如果就此倒下，不再坚持信念，不再寻找解决方法，问题就会不断累积，直到令人崩溃。

既然消极情绪无法解决问题，不如静下心来，按捺住心中的情绪，像解麻绳一样一点一点将谜团解开，这样就会使人感受到成功的喜悦，使人变得乐观积极。

第 27 堂：细节决定成败

对很多人来说，在竞争激烈的年代，只要抓住机会，就能马到成功。然而机会如流水，来得快，去得快，转瞬即逝，如果一个不留神错过了，就很难再遇上。

某杂志上曾有这样一句话：“机会就像一扇迅速旋转的转门，当那个空当转到你面前时，你必须迅速挤进去。”事实确实如此，很多时候，我们必须在那一瞬间勇敢果断地做出选择，否则，机会就会落入他人之手。而机会这东西，有时可能会摆在很多人面前，能够抓住的人，往往是那个注重细节的人，因为细节决定成败。

有一个商人，在跟朋友聚会时无意间听到一句话，但是由于这句话很不起眼，所以当时除了这个商人，其他人都没有注意到。他朋友说：“据气象部门报道，今年出现了有史以来非常罕见的旱情，但是到了明年，将会是一个降水充沛的年头。”

很多同伴都是站在接收一个普通信息的角度上听这番话的，但是这位商人却从中听出了极好的商机。

对于需要出行的人来说，雨天跟什么物品的关系最密切？答案当然是雨伞。于是，商人就开始大张旗鼓、红红火火地操办起雨伞销售的生意。

他先是调查今年的雨伞销售情况，结果发现因为旱情严重，雨伞大量积压，于是，商人开始找雨伞生产厂家进行业务谈判，低价购买了大量的雨伞，囤积起来以备后用。

转眼间，一年的时间很快过去了。第二年的天气果真如预测所说，骤雨交加，连下好几天的大雨。商人上一年囤积的雨伞此时派上了用场，他以高价卖出雨伞，大赚了一笔。

心细的人，总是对自己关注的领域倍加用心，每一个细微的变化，都被他们看在眼里，并进行剖析和判断之后，敏锐果断地作出决定，从而使自己抓住机会，取得成功。其实所谓的机会，归根结底就是讲究“细节”的问题。越是花心思留意细微之处，获得成功的几率也就越高。

有位知名医学院的医学教授，在开课第一天就告诉学生们这样一个理念：作为一名医生，最重要、最基本的素质就是胆大心细。

说完，他就将自己的一根手指伸进一只盛满尿液的杯子，然后拿出手指，放进嘴里吸了两口。演示完毕，教授将那只杯子递给学生们，让他们照做。

学生们都觉得很恶心，忍不住要呕吐。但是因为要学习知识，学生们不得不听从教授的指挥，照着他的样子做一遍，把一根手指伸进杯中，然后拿出来，放进嘴里吸两口。顿时，教室里就传出一阵阵作呕的声音。

看着学生们狼狈不堪的样子，教授笑了，说：“嗯，很好，你们都很有胆量，敢于挑战。但是你们都忽视了一个细节，刚才我伸入盛有尿液杯子的是食指，而后来放进口中的却是中指。”学生们听后一片哗然。

细节，因为它的隐蔽性，时常被人忽略。要想利用珍贵的细节来实现自己的目标，就要善于观察生活。把握住了细节，就把握住了机会，这样一来，“细节”就转化成了“机会”。

细节无处不在，它可能埋伏在报纸或者图书中的某一页，也可能潜藏在别人的言谈话语中，只要你善于捕捉，并且认真推敲，你就是个真正的有心人。而一旦你发现并认定某个细节当中暗藏着一个难得的好机会，那就马上按照细节提供给你的启示展开行动，胜利的曙光一定会在不远的前方等待照亮你的那一瞬间。

〖测测你的观察能力〗

正赶上周末，你和女朋友约好清晨六点钟去晨跑，在你们跑到河边时，看到树下站着一位戴太阳镜的、穿着时髦的美女。当你经过她身旁时，看到她在红色皮包里东翻西找，你猜她在找什么？

A. 小镜子

B. 面巾纸

C. 钱包

D. 化妆品

答案解析：

A. 你的观察能力较差，你注意的总是表面工夫，比如外表是否得体。而更深一层的东西你大都注意不到，所以你对很多人和事的反应力会很差，这样的你很容易吃亏。

B. 你的观察力还不错，通过对他人平时的一些小动作的留意，你就能推断出这个人会有什么企图或动机。

C. 你不仅是个观察力强的人，还是个很会算计的人。跟朋友们出去聚餐，你总会担心别人赖账，让你做冤大头，于是你就会一直注意他们有没有掏钱的动作，如果你观察出他们没有要付账的意思，就借口去厕所或者打电话，然后逃跑。

D. 你是一个观察力极强的人，一般情况下，你对事情的猜测大都八九不离十。但是，切勿探测他人隐私，只要多加关注应该关注的事物即可，不要放错重点。

〖心理瑜伽第 27 式〗

1. 想成大事，必先从细节入手

小王去一家公司应聘年薪 8 万的营销经理一职。为了赢得机会，他过关斩将，最终，从 99 位应聘者中脱颖而出。

那天，他自信满满地走进总裁办公室，一位年轻漂亮的女秘书接待了他。女秘书给他一个职业性的微笑，说：“先生您好，总裁不在，让您来了以后给他打个电话。”

随后，小王掏出手机准备打电话。可就在他拨号码时，发现办公桌上有两部电话，在经过秘书同意之后，他便拿起电话跟总裁联系。

电话拨通之后，小王听总裁兴奋地说：“小王啊，你的简历已经通过了审核，而你的答辩情况也令我非常满意，很高兴能跟你这样优秀的人一起合作，欢迎你加盟本公司。”

小王听后心花怒放，跟总裁客套了几句之后，就想尽快将好消息跟自己的女友分享。可是半个月前，女友出差去了国外，打国际长途是要花很多钱的，于是，小王又瞄了一眼桌上的那两部电话，心想自己已经得到总裁的认可了，就是公司的内部人员了，用用公司里的东西应该没什么，再说，这么大的公司应该不会吝啬这么一点儿国际漫游费吧。于是，他拿起了桌上的电话，拨通了女友的号码。刚要说话，却被一阵铃声打断了。

女秘书将办公室电话递给小王，小王接过电话，只听另一端说：“对不起，小王，我通过 DVP 监控观察你，发现你的表现很令我失望，你没能闯过最后一关，所以我宣布，我刚才的那通电话作废。”那是总裁的声音。

小王傻眼了，问女秘书这是为什么，女秘书摇摇头，说：“之前来的很多应聘者跟您一样，都忽略了一个细节，那就是在你们即将成为，但是还没有成为我们公司的一员时，不能随便使用公司的东西。你们明明自己有手机，为何不用呢？”

小王顿时想明白了，自己一时贪念，葬送了一个绝好的工作机会。

现实生活中的很多事例给了我们这样一个启示：细节对于一个人来说，是至关重要的，它既可以给人带来机会，也可以将一个人的所有努力在一瞬间推翻。所以，要时刻保持清醒的头脑，敏于言而慎于行，不到最后一刻坚决不放松警惕，只有我们能做到“言寡尤，行寡悔”，才能为自己争取到更多更好的机会。

2. 百分之一的疏忽，有可能导致百分之百的失败

一个人，无论处于社会的哪个阶层，从事何种职业，面对什么样的工作环境，辅佐什么样的老板，都要将平日里的细节问题重视起来，把小事做细、做精、做透，细中见精。环环相扣的每一个细节之间，都有着密切的联系，一旦

其中一环出现问题，整个工程都将无法继续进行。

小徐是某单位的经理助理。刚来这家单位时，经理因为看中他的胆大心细，以及强大的责任心而留他在自己身边做事。久而久之，经理也就习惯性地将业务上许多重要事情委托小徐代理。

一天，有一位重要客户要找经理谈事，但是经理正好有事出去了，于是小徐替经理代劳，接待了这位客户。

在业务方面，小徐已经非常娴熟，而且还能够做到灵活地运用人的心理，引导对方按照他的思路进行思考，所以，很多生意都是他运用能引导他人的那一方面能力搞定的。

本来，这位客户是要来讨价还价的，结果对方在小徐的引导下不但接受了原来商讨的价钱，还承诺要加货，只要经理回来，办好该办的手续就可以了。

原本这是一件立功的事情，但经理回来之后，小徐却由于公务繁多而忘记了当初跟客户谈好的具体时间。作为一家大型的公司，如果连起码的守时都做不到，那么还有什么值得信任的？由于客户见识到这样一位连时间都记不住的经理助理，心生疑虑，于是这单生意泡汤了。

一着不慎，满盘皆输。做一件事不难，做成一件事却是有很大的难度。不简单的人之所以会不简单，那是因为他们把每一件简单的事都做好，做到位，层层把关。所以，如果想做大事，就一定要注重细节，从小事做起，从点滴做起。

第 28 堂：有时失败也是一种动力

一个人，无论他是谁，什么职业，往往都是在无数次失败中得到磨炼和升华的。这是因为，你得到了更多的经验教训，而正是这些经验教训奠定了成功的基石。

很多人都怀揣着梦想，希望有朝一日能获得成功，然而只有在经过了很多失败和推敲之后，才能得到阶段性的成功。纵观历史风云，那些给时代留下深刻印记的成功人士，无一不是从一次次失败中走出来的。

没有耐心反复地尝试，居里夫人就不能发现镭的存在；没有屡受失败打击的研究，爱迪生就发明不出电灯，这些都充分说明了，即使是伟人，也必须经历重重挫败，才能见到曙光。对于多数平凡人来说，很多所谓的失败根本算不上什么，自然不必过于担惊受怕，停滞不前。

杰里·卡拉姆是足球界的一代巨星，可就是这样一位球界大家，曾遭受过很多打击。

卡拉姆初涉足坛的时候，在一次比赛中因为频频出现失误，没有守住球门，最终导致球队的输球。整个球队因为自己的状态不佳而吃了败仗，这无疑是卡拉姆的耻辱。当时教练批评了他，他也很自责，于是垂头丧气地回到更衣室。虽然所有的队友都在鼓励他，劝慰他，但他的心情还是越来越糟。

后来，教练找到他，对他说："你知道为什么输球那天我会那么严厉地指责你吗？那是因为我觉得你是个有前途的好苗子，所以要对你严格一些，希望你能明白。"

教练的这番话令卡拉姆重新燃起了斗志，与其悲观失望、自暴自弃，还不如仔细研究研究比赛时的录像，找出频频失误的原因，然后总结经验教训，积极训练，帮助球队拿下比赛。

果不其然，在以后的比赛中，他们的球队屡屡获胜，卡拉姆战功累累，最终成为这支球队 50 年来最值得骄傲的明星。

一个人，若想取得胜利，最重要的一点就是坚持。只要具备足够的勇气和智慧，并且敢想、敢做、敢坚持，就不必担心战胜不了困难。失败能给人触动和奋发，能激发人们想要证明自己的动力，因为对成功的渴望会使人信心倍增，更加勤奋上进。由此可见，只要我们能正视失败，利用失败积累的经验继续前进，就一定会有很大收获。

〖测测你的成功指数〗

以下每道题，打 5 分表示非常认同；打 4 分表示差不多；打 3 分表示不清楚；打 2 分表示不太认同；打 1 分表示坚决不认同。

1. 比起只会空想的人，我更会用实干证明自己。

2. 我努力是因为我有自己的信仰和责任感，并非为了钱。

3. 就算没有机会，也要给自己创造机会。
4. 我总觉得下班的时间太早了。
5. 我是一个工作狂。
6. 任何情况下我都很自信。
7. 我从来不愿意放跑或者随意丢弃任何一次机会。
8. 有时我会为了得到某些东西而不择手段。
9. 各种阶层的人来我的公司工作都不会后悔。
10. 从来没有十全十美。
11. 竭尽全力做好每一件分内之事是很关键的。
12. 成功不能仅限于实现自己给自己设定的目标。
13. 如果放弃我深爱的业余爱好，就能换取成功，我宁可放弃爱好。
14. 我总喜欢一探究竟。
15. 隐藏凶险的机会，也是弥足珍贵的，人要敢于尝试。
16. 我总会长时间地注视吸引我的事物。
17. 我喜欢畅想美好的未来。
18. 我不是三脚猫。
19. 我总能自然地向别人表达自己。
20. 每一天我都充满自信。
21. 但凡是失败，都是不好的，不管损失程度是大是小。
22. 我不会因为对手的嫉恨而害怕取得成功。
23. 我不是轻易言弃的人。
24. 孤独一人，很难实现理想。
25. 我觉得自己是个很特别的人。
26. 每个人都能克服困难，融入社会。
27. 做事要有始有终。
28. 我鄙视鼓吹自己的人。
29. 我基本不会担忧什么。
30. 我很有主见，从来不折中。
31. 我从来不怯场。
32. 失败不可怕。

33. 要想功成名就，就要努力工作。

34. 我能想象得出五年之后的自己是什么样子。

35. 我喜欢不断地尝试新鲜事物和冒险。

答案解析：

总分 126 ~ 175 分：

获得成功的方式有很多，只是每个人的理想不同。如果现在的你还没有获得过成功，那么也一定正在逼近成功；如果你已经取得了一定的成绩，那么你还会取得更大的成就。你的某种特质成为激励你的动力，但是你要注意，健康是革命的本钱，一定要把工作和生活区分开来，不要让工作影响到正常的生活和休息。

总分 90 ~ 125 分：

你是一个积极上进的人，如果能少一点幻想，多一点自信和努力，现状就会有很大的突破。另外一点你要想清楚，自己究竟是为谁奋斗，为什么奋斗。提前给自己制订计划，让头脑变得更清楚，然后积极主动一些，通过努力将目标逐一实现。

总分在 90 分以下：

如果你想获得成功，还需要更多的努力。你并不渴望别人的崇拜，也不喜欢太多的压力，你认为快乐就是成功，平平淡淡就是幸福。

〖心理瑜伽第 28 式〗

1. 换一种思路，死路就能变活路

生活中，很多时候我们都会遇见“此路不通”的情况，辛辛苦苦地忙碌，一瞬间被推翻的滋味，会令人非常沮丧。

一对小夫妻开了一家小吃店，他们把门面装修得很体面，各种面食也做得实实在在。但一直没有生意上门。原本是开业大吉，却眼看着香喷喷的馒头跟包子变凉，夫妻俩不由得为以后的生意担忧起来。

这时，远处来了一个手持圣贤书的年轻人正向他们的小吃店走来。小两口欣喜若狂，并且热情招待了他们的第一位客人。

年轻人没有多说话，吃完准备掏钱的时候，小两口说：“你是我们开张以来

的第一位顾客，图个吉利，我们不收费了，你尽管吃就好。”年轻人很不好意思，但是盛情难却，还是接受了。

年轻人是个知恩图报的人，于是问小两口有什么需要帮助的。小两口不敢小看这样一个不见得会干活的白面书生，于是就把生意冷清的事告诉了年轻人，希望他能帮忙招徕几位顾客，撑撑门面。

年轻人说：“这太好办了，拿来纸笔，我给你们写个告示贴在店外的墙上就行了。”顿时，小两口的心凉了半截，他的好主意原来就是贴一个告示，但是又不好埋怨什么，就只好任由他写。

后来，这家小吃店果然盼来了越来越多的顾客，馒头和包子每天都剩不下，甚至还有供不应求的时候。后来小两口才注意到，那个年轻人在告示上是这么写的：

> 本店今日开业大吉，由于昨夜紧张忙乱，老板娘不小心将一枚24K戒指一并揉进面里，找了很久都没有找到。各位来客如果在吃馒头或者包子时，不慎将戒指吃进肚子里，本店承担所有的医药费用；如果有人发现了戒指，并没有吃进去造成危险，本店就将这枚戒指送给他作为礼物。
>
> 特此告知。

人都爱财，假如你能从“大财迷”手里抠到钱，那就不得不承认你确实很有能耐了。在失败造成的困境面前，采取不同的思路，会得到不同的结果。在逆境中大胆突破，勇于尝试，就会得到转运的机会。

2. 并非失败越多，成功的几率越大

“失败乃成功之母”，但成功往往并非失败的简单叠加。人们似乎都走进了一个误区，认为失败越多，离成功越近，其实不然，成功应该是对失败的总结与超越。

有一个刚刚读完研究生的小伙子，由于没有积累足够的社会经验，在毕业以后的求职过程中屡遭失败。

他一直梦想有朝一日能出版自己的书籍，但他应聘过的单位都说只要有经验的人，拒绝应届生。小伙子很沮丧，但是并没有气馁，继续寻找其他机会。考虑到自己的家境不是很好，他不得不去尝试各种不喜欢的、但是会有很多提

成的工作。只是后来的实践证明，他不适合做这类工作，所以，他再次失败了。

他认为经历失败越多，就意味着自己的社会经验越丰富。经验丰富，自然就会离成功更进一步。可是他用了很长时间，辗转了多家单位，都没能安顿下来，心里十分苦闷，不知该如何是好。

如今，很多年轻人都在面临就业压力大的问题，此时，既要考虑自身的能力及兴趣，又要考虑工作单位的性质、待遇等方面是否合适，还要研究自己在什么样的公司更有发展前途……

一系列的问题让很多人不知所措，虽然尝试过很多机会，甚至跨越了很多行业，但均以失败收场，到头来都不知道自己究竟干什么了。很多人在此时失去了方向感，没有了方向，今后失败的几率就会更大。所以，人只要看清现实，认识自己，将自己的优点用在合适的地方，就能收到最好的效果。

第 29 堂：屡战屡败还是屡败屡战？

曾国藩曾经上奏说：“臣屡败屡战。”正是他的这种百折不回的精神，让他成为晚清一代名臣，也因此说明了这样一个问题：成功，并不能成为一个男人的专利，百折不挠才能显示出男人的本色。

曾国藩的一生历经磨难与坎坷，战局危机之时，他也依然斗志满满。他的英勇拼搏，不畏艰险和重挫的精神值得当今渴望成功的男人们效仿。

一个正在成长中的人，刚踏入社会的时候，得到的礼物往往就是失败。这很自然，因为受挫是人生当中的一部分，每个人都会面临，只是有的人能驾驭好自己，用一种平和的心态去面对一切，找回自信，重整旗鼓；而有的人则一直未能化解失败给自己带来的消极心理，于是自暴自弃，一再堕落，直到自己一无所有。

事实上，对所有人，尤其是男人来说，最可怕的并不是遭遇失败。有些时候，消极的思想完全可以毁灭一个人，所以，经历过失败的人，倘若一直深陷其中不能自拔，不但没有得到经验教训，反而从此一蹶不振，沦为失败的奴隶，那才是最可怕的。

一个成功的男人，一定会将失败当做生活为自己设下的障眼法，因为他们都知道，只有在挫败的迫使下，男人才能进行不断地探索和调整，最终成就未来，走向成功。

飞人胡凯曾表达过这样一个观点："作为一名运动员，在他们的意识当中，输的感觉总是比赢的感觉更强烈。"这一点，其实任何一名运动员都很认同：情绪往往会严重地影响一个运动员的比赛状态，甚至会导致一个接一个的失误，直至惨败。想要获得胜利，就一定要避免这种情绪。

在百米决赛中，如果一个运动员的前 90 米一直处于领先地位，最后 10 米却出现了失误，导致了失败，那么，这个运动员脑海中反复上演的一定会是最后 10 米应该怎么办，而不是前 90 米精彩的表现。这样的画面在他的意识里经过多次反复和重构，就会变成难以抹去的印记。

很多人都会把输看得太重，忽视了获胜时的喜悦，其实我们最应该去做的，是重新调整心态，权衡得失，避免偏激。毕竟困境只是暂时的，它并不可怕，一切危机也终会化险为夷，只要你能以一个积极乐观的心态去面对生活，机遇就会不请自来。

面对失败，不同的人会有不同的心态，态度积极的人，会勇敢地选择迎难而上。就像胡凯，几年之间，他经历了多次失败，最终看准了一个市场，并决定创办一个专门讨论健康与心理问题的全国性杂志增刊。为了投资这项事业，他花掉了所有的积蓄，结果却是再次遭受失败。

正当他走投无路之时，一家大报社提出，愿意给他提供资助，考虑一下他的设想。这个消息对于胡凯来说是个天大的惊喜，然而经报社董事会研究之后，还是没有接受他的提议。

虽然最后一丝希望也破灭了，但胡凯仍然感谢报社的董事们愿意给他一次机会。他认为，为了成功不惜牺牲很多代价，如果结果还是失败，也只能说明，这件事情结束了，没有继续的必要了，并不影响今后的拼搏。

正当胡凯要为下一个目标作准备时，戏剧性的一幕上演了。之前没有接受他办杂志的那家报社看到了他的简历，决定任命他为副总裁，专管销售和交际。究其缘由，该报社是因为看中了胡凯的热情和洞察力，才愿意将这块蛋糕分给他的，他的杂志虽然被否认了，但他本人却得到了重用和赏识。

任何挫折，都只是考验，如果你面对挫折非但没有畏惧，反而迎难而上，越挫越勇，那么，一切困难都不能成为阻止你前行的障碍。

毕竟，事儿，都是人做出来的。用最好的意愿去揣度一切，利用失败促使成功。

〖测测你的进取心强度〗

你住在某小区二楼左侧的201室，在你要出门倒垃圾的时候，你发现左手边有一扇窗户，透过窗户你发现，每个楼层都有一个垃圾道，二楼的最右边也有一个。此时，你会选择怎样处理你手中的垃圾？

A．去三楼把垃圾扔进垃圾道

B．去一楼把垃圾扔进垃圾道

C．在二楼右侧找垃圾道

D．直接从窗口扔出去

答案解析：

选A：你的进取心很强，有着强烈的欲望，不论是在工作中还是生活中，你都希望自己是出类拔萃的，没有人比你强，这说明你是一个非常积极上进的人。

选B：你最近可能比较懒，总是想事事省点儿精力，舒服一些。这种状态很危险，因为一味地放纵自己，助长自己的懒惰，以后就难以恢复到初始的状态了，很多事就要重新努力争取了。

选C：你比较安于现状，对自己现在的生活很满意，无需更多挑战或者风波。你不喜欢生活变得动荡不安，只喜欢平平淡淡。

选D：你需要加强学习，培养良好的素质。如果你最近一直很不顺心，有可能是个人修养问题导致的。

〖心理瑜伽第29式〗

1. 百折不挠，才是男人本色

美国商界盛行这样一种说法：如果一个人从没经历过破产，说明他只是个小人物；如果只破产过一次，那他很可能是个失败者；如果破产过三次以上，那他就可以无往而不胜。

失败，其实也是一种财富。因为人往往只有在失败中才能看清自己的弱点，得到更快的成长。失败，也能磨炼人的意志，培养人的坚强品质。这样一来，人在重要时刻就不会因为没有得到过磨砺而被击垮。

小贾是一家婚纱摄影楼的老板。从两年前的白手起家，到现如今的生意兴隆，中间经历过很多波折：资金周转问题、市场宣传、人员选拔、器材、技术等诸多问题，都没能使小贾疲惫，甚至就连怀有身孕的老婆也参与其中，用专业的眼光给顾客选衣服、摆造型、拍照、修片，天天加班加点，不辞辛苦。

一次，小贾与一家大型婚庆公司合作，要为新人全力打造精美的婚礼纪念相册。起初双方在各项规划和协议上达成了共识，投资方面也有了较为详细的分配。可是后来，小贾非但没有翻本，还被婚庆公司狠狠地坑了一把，白白搭进去一整年的积蓄。

小贾气愤之极，要申请立案，但是由于婚庆公司千方百计找小贾的漏洞，结果这件案子还是以证据不足为由被驳回了诉讼请求。除此之外，他的经营当中还出现了很多令他头疼的问题，但是他都没有采取极端的方式为自己出口恶气，也没有因此而气馁，认为自己不是做这事儿的料，而是吸取教训，总结经验，一心一意把事业搞上去。最终，他和妻子创办的摄影楼获得了越来越多的支持和信赖，业绩也越来越好了。

有位名人说过：很多时候，那些看似绊脚石的障碍物，会因为人的积极心态成为垫脚石。失败不是终结，而是新的开始。

人的一生难免经历各种不顺，有的人会因为暂时的失败而变得垂头丧气，失去坚持的信心；而有的人则会放下过去，忘记伤痛，将所有的教训牢记在心，然后毫不犹豫地奔向新生活。这两种类型的人，前者被称为“弱者”，后者被称为“强者”。强者跟弱者最大的区别就在于能否勇敢地接受并面对现实，并且重新找回自信，继续奋斗。

强者、勇猛、成功等词汇，并不是男人的专利，不畏风险，百折不挠，才是男儿的本色。

2. 让狂风暴雨来得更猛烈一些吧

科学界有这样一种实验：将小白鼠放到一个有金属底的笼子里，然后给笼子底通电，电流强度虽然不会危及小白鼠的生命，但也会给小白鼠带来电击的痛感。

如果此时将笼门打开，小白鼠会立即逃跑。但如果用一块透明玻璃堵在笼门外，小白鼠每到接近笼门时，都会被挡回去。重复几遍之后，小白鼠便不会再逃跑，即便是移开了玻璃板，它也不会再有脱身的企图，而是忍受着电击的折磨。

这项有名的实验得出的结果被心理学家称为“习得性无助”。

其实，在人的成长过程中，这种“习得性无助”心理也是很常见的。当一个人在做一件事时，如果遭到了一次又一次的失败，心灵受到的负面影响就会使人放弃再试一次的努力，他的意识中就会逐渐形成一个屏障，认为自己真的很差，做不到更好，所以就会放弃努力，默认失败。

在这个弱肉强食的年代，我们都需要培养自己坚定的信念和不轻言放弃的个性，都需要学着克服内心的恐惧和障碍，把失败看做学习的机会，看做为自己铺好的阶梯，一边给自己铺路，一边向上攀登。

没有谁天生就是“屡战屡败”的愚人，只要你足够坚强，目标足够明确，你就会是一个“屡败屡战”的勇士。

第 30 堂：下一个元帅就是你

有这样一个故事：古希腊哲学家苏格拉底为了考验一个平时看上去不错的助手，给他布置了一项任务，他说：“我的蜡烛眼看着要燃尽了，应该找一根新的蜡烛继续点燃，你明白我的意思吗？”

那位助手说：“明白，您的思想光辉一定会继续传承下去。”

苏格拉底幽幽地说：“我需要的是一名优秀的传承人，他不但要具备一定的智慧，还要有足够的勇气和信心。而这样一个人，我至今都没有遇见过，请你帮我寻一位好吗？”

“好的，先生，我一定会全力寻找符合条件的人，不辜负您的一片期望。”助手说。

苏格拉底和蔼地笑了，没再说什么。

那位助手忠诚而又勤奋，通过各种方式和渠道寻找苏格拉底需要的接班人。可是他领回来的人，一个接一个地被苏格拉底否定了。

一天，那个助手跟往常一样无功而返，非常沮丧。苏格拉底拍了拍他的肩膀，说："真是辛苦你了，不过你找来的那些人，还真的都不如你。"苏格拉底意味深长地笑了，不再作声。

半年过去了，继承人依然没有找到，助手非常惭愧，坐在病床前以泪洗面。苏格拉底安慰他说："失望的是我，对不起的却是你自己。你一直没有意识到自己就是那个最优秀的人，是你的不自信导致了大量的时间和精力被浪费掉了。所以，你需要重视自己，发掘自己。"

其实，苏格拉底的意思很明显，他早就把助手当成了传承人，而始终不够自信的助手却迟迟没有领悟导师的意思，而是不断做徒劳无功的努力。事实上，每一个向往成功，不甘平庸的人，都应当坚信这一点：自己就是那个最优秀的人，别人能独占鳌头，自己也能。

自信，能使很多困难变得微不足道，倘若一个人总是把事情想得很难，觉得困难会将自己击垮，认为如若再去尝试一次的话，必定会再次受挫，甚至遍体鳞伤，那么，你将会失去一切勇气，从此变得堕落、颓废，思想压抑，对生活失去信心，对自己失去希望，更不用说实现理想了。

当今，很多人总是抱怨社会有太多约定俗成的不平等条约，没有金钱，没有关系，没有一定的社会地位，很多事情都得不到很好的解决，以为人一旦有了一定的地位，有了属于自己的利益圈子，很多事情才能实现。事实上，只要有自信，即使这些外界因素都不具备，很多看似不可能实现的事情，也都可以做好。

高辉是一家私立培训学校的老师，十年之间，他为学校培养了很多人才，也为学校争得了很多生源，学校能有今天，他功不可没。然而，计划不如变化快，十年后，董事长请来了一个年轻人作为新任执行校长，之后，学校的管理体制被新校长彻底来了一个大换血，员工的薪资制度也有了翻天覆地的大调整。

新官上任三把火，大调整是可以理解的，只要对办学有利，员工有盼头，就是可行的。但是事情远没有这么简单，新任执行校长野心勃勃，妄想"挟天子以令诸侯”，让董事长听从他的指示，向学校各个部门下达任务。这一切都看在了高辉的眼里，勤勤恳恳干了十年，如今却被一个新任校长呼来唤去，指指点点，他感觉自己的人格受到了极大的侮辱，于是，他毅然决然地提出了辞职。

后来，高辉跟几个朋友集资，一同创办了一所新的培训学校，踏踏实实做事，本着对每一个学员负责的态度办学，不久之后便打下了广阔的市场，口碑很好。之前的很多同事都投奔于他，跟着他一起为新学校出力，后来他们大都如愿以偿，实现了自己的价值，高辉也因此成了众人心目中的救世主。

现实是残酷的，现实是只讲利益不讲情面的。或许刚刚走出校园的你还留有一丝书生意气，然而愤青思想终不能带入社会，影响工作。倘若你一定要行善，一定要严惩社会不良风气，替叫苦喊冤的广大劳动者讨回公道，那么，唯一可行的办法就是让自己变成强者，只有自己占有了一席地位，才能为更多的人做主，行更多的善事。

〖测测你有没有野心〗

一个没有野心的人，一般都不会有太多进取心，而一个不知进取的人，又怎能成为一个领导者？下面就来测测你的野心指数吧。

如果将自己想象成童话里的一个人物，当你来到一座被施了魔法的魔幻城堡时，由于城堡的外观是随着人的内心而幻化的，所以，不同的人会看到不同外观的城堡。那么，面对这样一座能探视到人的内心的城堡，你所看到的会是什么样的景象呢？

A．在一团灰黑色浓雾里，笼罩着一座幽暗的城堡，气氛诡异，古树丛生，还有大量蝙蝠出没。

B．金碧辉煌的华丽城堡。

C．山坡上的青石城堡。

D．那是一座蓝色月光映衬下的城堡，宁静、宜人。

答案解析：

选择 A：

你是一个不安于现状的、野心极大的人，但从来都不会向别人透露自己的雄心壮志。如果情绪压抑太久，你还会将野心爆发出来，大干一场，让周围的人瞠目结舌。

选择 B：

可以说，你比较拜金，你的野心几乎都潜藏在金钱方面。由此可见，你比较注重物质享受。

选择 C：

你对生活的要求不是很高，只要过上在别人眼中还不错的生活，你就很满足了。此外，别人会追求的东西你也会去追求，但是不会有太大的野心，不会想要在某些方面独当一面。这并不是懒惰，你为自己设定的目标都比较现实，从来不会有不切实际的想法，但是有些时候也会很懦弱，知难而退，缺乏决心和勇气。

选择 D：

你最大的欲望，就是过平静而舒适的生活。你毫无野心，乐观且随遇而安。

〖心理瑜伽第 30 式〗

1. 只要相信自己，你也可以统领千军万马

历史记载，刘备是西汉中山靖王刘胜之后，但由于家族落败，他一直没能过上雍容华贵的皇室生活。

野史记载，刘备自幼跟伙伴们玩游戏时就喜欢扮演皇帝，并声称自己有帝王风范，长大后一定能打下一片江山。而后读书认字，习武练功，非常努力，而且待人谦虚恭敬，喜怒不形于色，喜欢和英雄豪杰交朋友，因此身边总会有很多支持者。

汉灵帝中平元年，黄巾起义爆发。不久，刘备与关羽、张飞相识，并向关、张二人诉说了自己的身世，表示自己不甘心苟全性命于乱世，一心想要匡扶汉室，之后得到了关、张二人的支持。

此后，三人桃园结义，请来了卧龙先生诸葛亮，出生入死，结盟孙权，共讨曹贼。于是，一场赤壁鏖战创造了历史上以少胜多的奇迹。

自从结识了二位贤弟，请来了诸葛亮，刘备的雄心壮志更是一日胜似一

日。即便中间遇到很多坎坷，吃过多次败仗，甚至与亲人失散，他的信念也依然坚定：自己就是帝王之后、皇室宗亲，就应该担起责任，广交各路豪杰以及有志之士，带领千军万马讨伐汉贼，匡扶汉室。

最终，他建立了蜀国，称霸一方。

一个人，若想飞黄腾达，想在社会上占有一席之地，不能没有野心。没有野心，也就意味着没有生活的目标，没有理想；而没有理想，人就不会有动力，自然就无法走向成功。那些天下英雄、旷世奇才，无一不是野心家。只要你相信自己，你就一定能行，别人可以做到的，你也能实现。

2. 向成功人士一样思考

成功人士多半善于思考，毕竟生活本就是由思想形成的，而成功，其实就是人们按照一定的方式进行思考并付诸行动的结果。

有位国画爱好者想提高自己的画技，从而让自己的作品得到更多人的喜爱。于是有一天，他将自己最为满意的一幅画拿到市场上，旁边放了一支笔，请前来观看的人用这支笔把他们认为不足的地方标出来，结果整张画上都涂满了标记。

他非常的失望，于是就开始怀疑自己究竟是不是当画家的料。

后来，他的老师提议他换一种思路试试看，不妨请大家凭感觉把画上画得比较精彩的地方标记下来。结果，第二天，这位爱好者得到了一份惊喜，画上像上次一样被涂满了标记。

这个年轻人顿时恍然大悟，之后信心大增，勤学苦练，后来成为一名真正的画家，成就了自己的梦想。

思想上的差异，往往会导致人生方向的不同，方向不同，结果也就各不相同。有人觉得自己就是一棵平凡的小草，自甘平庸，于是，这辈子也就不会有太大成就；而有的人，自幼就自信满满，非常强势，上学期间会当班干部，工作之后会晋升为领导，时机成熟之后还有可能会成为举世闻名的大人物。

所以，你眼中的自己是个什么层次的人，那么，你就一定会是那样的人。心理的暗示是很有威力的，若想成为成功人士，就一定要将自己视为成功人士，并且以成功人士的标准来要求自己。

第 31 堂：尽力去做你当做的事情

有两种人一生都无法做成一件事，一种是若别人不驱使他，他就不会采取行动的人；另一种是即便有人引导他去做，他也不会去做的人。只有那些用不着别人的催促就能独立完成任务的人，才会得到成功；而整天无所事事，浪费生命的人，等待他的，只能是一事无成。

有大出息的人，从来都不用别人的催促。在工作中，只要他们认定要做的事，就一定不会怠慢。而那些在职场中甘于坐冷板凳的人，只是为了工作而工作，没有把自己全部的热情和智慧投入其中。被动的思想，机械的行动，这些都不算什么，有的甚至连脑子都不会动一动，即便发现领导在工作方面有疏漏，他们也依然将错就错。出了问题就将责任全部推卸给领导，声称自己只是执行任务。

其实，这些都是缺乏责任感和主动性的表现，而这种人注定会被职场淘汰，得不到自己想要的成就。

甲和乙同时被某单位录取，甲做了行政，而乙则被分到了市场。同样都是做分内之事，甲、乙二人的态度却截然相反。甲很机灵，专在领导面前故作勤劳；而乙却自始至终都在踏踏实实地做事。

“路遥知马力，日久见人心。”虽然领导阶层平日里业务繁忙，但是他们会将每一个员工的表现看在眼里，记在心里。该提拔谁，该辞退谁，领导的心里是很清楚的。

在领导的眼里，那些被人催促着做事的，装模作样不肯下功夫的，还有教给他方法之后依然不做事的人，一生当中会有一半的时间用来辛苦找工作，因为他们总是失业，自己不争气，却又怨天尤人。而那些踏踏实实、勤勤恳恳的人，则能够通过努力得到自己应得的回报。

一段时间后，乙获得了提升，而甲则失去了工作，不得不重新步入找工作的人流中，继续奔波。

也有一部分上班族表示，自己在做好本职工作之后，也有责任和义务协助领导管理其他事务，这样既可以减轻领导的负担，又可以使自己在不同方面得到锻炼。

子曰："不在其位，不谋其政。"一个人，要通过积累经验逐渐给自己定位，履行自己应该履行的职责，明确该做什么，不该做什么，专心完成自己的职责。同伴与同伴之间在工作中也不要互相分散精力和相互干扰，也不去多管闲事，工作效率一定能抓上去。

〖测测你适合做什么工作〗

在一次野外旅行中，你不小心在荒山野岭中迷了路。天色已晚，你朝着一个不明确的方向走去，发现一间小房子，不得已向房子主人借宿。可是房主告诉你，这间房子的四周围夜里都会闹鬼，问你是不是一定要住。如果一定要住的话，你会选择以下哪一个房间？

A．半夜能听到厕所开门声和女人叹息声的那一间

B．半夜醒来能看到一个无头鬼坐在床边的那一间

C．窗外有个人头正恶狠狠地看着你的那一间

D．床会自己动，让你睡不着的那一间

答案解析：

选择A：

你比较喜欢不需要到外面抛头露面的稳定的工作，比如内勤、行政之类。也许你会受到领导给予的压力甚至是指责，可是相比而言，你宁可整天待在办公室里，也不乐意到外面风吹日晒。你也可以考虑从事技师、工程师或者会计之类的工作。

选择B：

无头鬼坐在床边，意味着这个人跟你关系密切，可是你却分辨不出他的真面目。就像一个名人，一定会有很多忠实粉丝，但他分不清谁是谁。所以，你比较适合从事娱乐圈的工作，或者公关、店员、服务员之类的，接近群众的工作。

选择C：

你比较适合有独立空间的工作，比如soho一族、医生、律师等，有一份较为稳定的收入，而且比较固定，一般不会受到外界的影响。

从窗外瞪你的鬼表示你的周围一直都存在对你不满的异样眼光，而在窗外

则表示这种异样的眼光不容易对你造成伤害。比如教师一职，不论你的学生是不是个个都出色，都不会影响你的收入。你也可以考虑去考公务员。

选择 D：

你个性好动，不喜欢受拘束，如果你一整天都待在办公室里，恐怕会抓狂，甚至憋出毛病来。所以你比较适合从事可以常常到外面走动的工作，像是推销保险业务、直销等。

床会自己摇晃让你睡不着，这表示在你做业务时，常常会被客户拒绝，会碰壁。

其他类型的工作，像是大老板的司机、送收货员等，你也可以考虑。

〖心理瑜伽第 31 式〗

1. 为自己做主，做你想做的

生活中，我们常常会看见这样一群人，他们博学多才，理想远大，可是偏偏从事了与自己专业和兴趣不相匹配的职业，到头来时间精力全搭进去了，也不见得有多大成就，业绩不好还会面临被炒鱿鱼的危机。

可见，一份不称心的工作会对人的办事效率和精神状态产生非常严重的影响，使人无法最大限度地发挥自己的才能。

做事必须投入百分之百的热情和精力，只要能感觉到无限的希望，人就能聚精会神地去做事。毕竟，这个世上没有比不称心的工作更容易摧残人的希望、自尊心和力量了。

一个人，如果从事了一份不称心的工作，从他的脸色、举止以及态度上就可以读出一种不快乐的感觉。他们的脸上会没有笑容，言行举止会变得懒散，总是提不起精神。

阿杰一直认为自己没有商业头脑，不适合做生意，他一直梦想有一天，自己能以一个帅气风光的角色出现在荧屏上。但是父母要求他继承家业，无奈阿杰只能忍痛割爱，放弃从艺。

后来几年的时间里，阿杰虽然一直很努力，但是一直没能顶起家业，这使他感到压力很大。父母的失望，客户量的丢失，亏本的生意……让阿杰陷入了极度的困境中，进退两难。

人间的悲剧当中，父母强迫子女从事不称心的工作也是其中之一。子女总会被逼得不知所措，而家长却都认为自己是为孩子好，希望他们能事业有成，步步高升。但是，他们却没有真正了解过孩子的个性，不了解孩子的才华究竟体现在什么方面，甚至怎样才能无限地发挥才干。倘若作为子女，也从来不敢为自己的心做主，只是一味地听从父母的安排，那将会毁了自己一生的幸福。

2. 经得住诱惑，才不会迷路

两点之间，直线最短，这个道理小学生都明白。如果将这个浅显的道理放在成人的思想中，则可以延伸到更深的层次中去理解。

一个人，在赶往目的地的路上，遇到美丽的景色会停下脚步，将眼前的一切收入眼底，好好欣赏一番，于是，一段时间就被耽搁了；当他在途中遇到一些人或一些事的时候，又不免引起好奇心，过去凑热闹，于是，又耽误了一段时间；倘若途中因为某些所见所闻而引起他的思想斗争，或者遇到一些是是非非，则又会消磨掉一段时间……最后，这个人会发现自己在赶往目的地的时候并没有走直线，而是绕了很多弯，浪费了很多光阴。

所以，在人生的路途中，只有抵制住各种诱惑，时刻保持清醒的头脑，不忘记自己是干什么的，才能避免绕远，为自己节省时间，早日获取成功。

第 32 堂：机会就是比别人多一双“眼睛”

若想得到机遇，必先正视机遇。任何一个机会都不会是凭空产生的，而是事情发展到一定阶段时才能自然形成，而且一旦形成，就会有人将它收入囊中。所以，我们不能坐等机会，如果不抢先一步，机会就会被别人抢走。

一个老商人家中有两个儿子。一天，哥俩决定去非洲开创自己的事业，经过研究和衡量，他们俩去了非洲的一个尚未开发的落后地区，去推销自己家厂里生产的鞋。但二人几乎同时发现，这里的人都不穿鞋。

于是，大儿子写信给父亲说：“这里的人都不穿鞋，就算是我卖鞋，也不会有人买，我准备明天就回家。”二儿子也给父亲写了一封信：“在这个地方发展鞋业是个很棒的主意，因为这里的人都没有穿鞋的习惯，一旦穿起来，这个市场将会日益扩大，我的收入也会越来越可观。”

无疑，哥哥沮丧地回家了，而弟弟却因此而发了大财。两个儿子，面对同样的问题，一个想到的是消极的一面，另一个却看到了难得的机遇。

捕捉“机遇”一定要处处留心，独具慧眼。成功人士绝对不愿意放跑任何一个机会，因而时刻提高警惕，擦亮眼睛，因为他们都知道，机会往往会隐藏在一个不起眼的小角落里，等待发现。

有一家理发店，生意十分兴隆，几乎天天顾客爆满，老板跟几个理发师忙得应接不暇。这引来了一位记者猎奇的目光，他前去打探时得知这样一个秘密，这家理发店跟其他理发店的不同之处就在于他们设立了“出租女秘书”的特殊服务项目。

这个创意源于一个真实的故事：一天，天降大雨，一位顾客到这家店理发。理到一半时手机突然响了，是他的老板让他立即复印一份文件送到客户的公司。

望着窗外的倾盆大雨，再看看镜子里只理了一半的头发，他还是选择了先去处理公务。结果那天在面见客户时，他格外的狼狈，心情糟透了。

后来，这件事被很多人当成了笑话，而理发店老板却从中看到了商机。

经过策划，老板雇用了一位办理贸易手续的专家、一个打字员、一个翻译、一个文秘，假如有顾客是带着文件过来的，遇到紧急事务可以委托女秘书代劳；如果有顾客需要打印文件，在店里就可以做到；如果有人接到临时通知，需要办理贸易手续，店里还有这方面的专家提供帮助。这样一来，不论是正在等候的，或是正在理发的顾客，凡遇到紧急事务，都可以在理发店得到帮助。

这项策划一经落实，就吸引了大量的上班族客户，他们觉得来理发不仅可以放松心情，还不耽误处理手头的工作，真是一举两得。这家理发店，也因为这项特色服务，增加了很多收益，生意日渐红火，人气越来越旺。

许多成功人士，就是因为练就了一双慧眼，处处留意生活的点点滴滴，所以才会把握住那么多以不同形式出现的机遇。善于发现，做一个生活的有心人，就能在机遇来临之际捕捉到它。

〖测测你把握机会的能力〗

如果某天，有个年轻貌美的异性向你问路，你发现她要去的地方恰好与你顺路，你会怎么做？

告诉她自己路过，可以同去

B．将地址详细地说一遍，然后偷偷跟在她后面

C．默默地带她到她想去的地方

D．告诉她一条路，然后自己走另一条路

答案解析：

选择 A．

你是一个善于利用机会的人，而且你做事负责，很会为他人着想，懂得尊重别人。

选择 B．

你总是把自己的事跟别人的事区分得很清楚，如果有人向你请教，你不会只告诉他答案，你会在背后偷偷观察进展。如果别人受挫，就说明办法无效，不可行。也正是因为这种处事方式，让你赢得了很多阶段性的成功，少走了很多弯路。

选择 C．

你是一个非常自我的人，思想独立，无视他人的困难，只是一味地强制别人做事。这样很容易为自己制造敌人。但，由于你的争强好胜，性格刚烈，也会有不少人愿意跟随你，支持你。你比较适合涉足政坛。

选择 D．

你讨厌别人低估自己的能力，但是在别人需要你的帮助时，又会觉得很麻烦，是一种负担。你是一个个性独特的人，既没有特别要好的朋友，也没有劲敌。

〖心理瑜伽第 32 式〗

1. 主动把握机会，让借口远离自己

乔治死后见到上帝，他向上帝诉苦说：“我的主啊，我活了 50 年，本来时

间就不长，您都没有给过我一次飞黄腾达的机会，这才叫我虚度一生的，不然我一定会非常优秀。”

上帝说：“是吗？你觉得有哪些机会没有给过你？”

乔治说：“我要建立一个电脑王国，而我就是那儿的国王。我还要住西雅图市华盛顿湖畔的豪华别墅，我要像比尔·盖茨那样，创立微软公司，成为世界首富。如果不是您没有给我机会，这些愿望都可以实现。”

于是，上帝开启了时空隧道，让乔治回到了大学时代，跟比尔·盖茨在哈佛大学同班就读。

一天，艾伦同学带来了一本名叫《大众电子学》的杂志，乔治随手一翻，发现一张美女图片都没有，于是不耐烦地将杂志扔给了比尔·盖茨，随后领着女友去蹦迪了。那本杂志在比尔·盖茨手中，就变为了宝物，他细心地翻阅着，最后被一篇关于第一台个人电脑的报道深深地吸引住了。显而易见，这就是成功者和失败者的区别之处。

当晚，乔治跟他的女友在迪厅疯玩到深夜，而比尔·盖茨却用整晚的时间思索电脑的发展趋势以及自己未来的规划。最后的结果是，比尔·盖茨与艾伦辍学创业，创办了微软公司，并且日益壮大，而只会嘲笑比尔·盖茨的乔治却什么都没争取到。

上帝关闭了时空隧道，问乔治服不服，乔治表示不服，声称若不是女友非要去娱乐，自己一定会把握机会，好好研究那本杂志。还说，如果上帝肯给他一次当老板的机会，他一定会成就一番大事业。于是上帝答应了，再次开启了时光隧道。

乔治与比尔·盖茨都创建了各自的计算机公司，并且都当上了大老板。上帝把艾伦安排为一名策划，艾伦首先向乔治提议专门开发生产计算机软件，因为当时世界上还没有一家生产计算机软件的企业，但是被乔治驳回了，他偏偏要生产硬件，试图压倒 IBM 公司与苹果公司。

艾伦听后很失望，只好将提议告诉比尔·盖茨，结果比尔·盖茨很兴奋，立即采纳了。不久之后，比尔·盖茨创办的公司发展壮大了，而乔治当年就破产了。

每个人在一生当中，都会跟上帝赐予的很多机遇擦肩而过，只是自己本身却浑然不知，没有把机会当做机会。上天是仁慈的、公正的。他把飞黄腾达的种子洒向人间，每时每刻都会有很多人抓住它，创造奇迹，成就事业。可是如果一个人毕生都在自暴自弃、怨天尤人，或是沉溺于温柔乡里萎靡不振，他一定得不到理想中的生活和荣耀。

2. 机会不能靠运气

有位探险家来到一片森林中，发现林中有人开垦出一片地，地上种满了土豆。这原本是收获土豆的季节，可是老农却在一旁悠闲地闭目养神。

探险家很疑惑，就上前去跟老农打招呼，问他为什么不急着收土豆。老农却不慌不忙地说，自己是在等机会。

原来这位老农之前遇到过两次不劳而获的好事。第一次，正当他要砍树的时候，疾风骤雨袭来，将许多参天大树连根拔起，省了他不少力气；第二次，他正要把田地周围的荒草烧掉，以免风把草籽吹到田里，来年会在田里长出荒草，可是还没等他点火，来了一道闪电，把他要烧的干草点着了。

探险家觉得这真是不可思议，然后问老农现在打算怎么办，老农说：“我正等着来一场地震把土豆从地里翻出来。”

这当然是一则小笑话，但这个笑话却告诉我们，机会不能等同于运气，运气不会时时有，如果依赖上这种偶然的运气，岂不成了“守株待兔”？最终还是会空等一场。所以，我们必须认识到，有些机会是等不来的，必须靠我们自己去发掘，如果找不到合适的机会，我们还可以凭借自己的能力创造机会。

心理瑜伽第四学期：经营甜美的爱情

第33堂：男人不坏，女人不爱

都说“男人不坏，女人不爱”，难道真有女人喜欢跟一个坏男人厮守终生吗？现实证明，一个思维正常的女人是不会喜欢十恶不赦的坏男人的，那么其中“坏”字的含义究竟是什么？是不是真的就代表这个男人“坏”呢？其实这个字里面的内涵是非常丰富的。

现实生活中，很多“坏男人”得到了好女人的喜爱，因此，很多人就误认为“男人不坏，女人不爱”是一个放之四海而皆准的真理。其实，男人的“坏”可以有两种形式：第一种，真正不学好的，坏事做尽的男人，那是真正的坏男人；第二种，就是懂得浪漫，会讨女人欢心，老实忠厚里透着一丝倔强，温柔里伴随着一丝敏感，脆弱里透着一股子坚强，头脑灵活，富有朝气的男人。

很显然，第一种男人是无论如何也得不到女人青睐的，只有第二种男人身上附着的“坏”，才是广大女性所青睐的。

俗话说得好，郎才女貌。有才乃是男人的本钱，不过，才分过了头也不行，那些天之骄子、专家能手之类的人物，都是牛人，但未必会引来美女的喜爱。

很多女人都说自己喜欢老实厚道的男人，但事实上，一些老实巴交、循规蹈矩的男人往往无法得到女人的关注，因为他们不论是工作还是生活，都显得那样呆板，缺乏活力。对于这种过分老实，不懂浪漫和情调，更是没有一点自我和个性的男人，女孩子们并不感冒。与之相比，她们更喜欢那些思维活跃、有个性、有创意、有闯劲、不安于现状的男人。

或许在部分人眼里，他们都是只有想象力，却很不务实的人，是一群不务正业的，只知道蛮干的“坏男人”，但是，这样的男人往往很容易获得女孩的关注和信任。

原因很简单，女人都是爱幻想的，都是感性多于理性的，尤其是新时代的女性。如果叫她们跟一个纯粹的老实男人一起生活，就相当于让她们放弃所有的梦想，放弃浪漫，放弃情调，把原本应该享受的东西拱手让给柴米油盐等各种家庭琐事。她们会感觉生活索然无味，没有活力，最终也会对婚姻失去信心。

而“坏男人”则不会让自己心爱的女人感到生活乏味，他们总能凭借自己的真本事把握时机，出奇制胜。他们喜欢用能力说话，并将美好的物质生活以及精神理想献给自己的女人，这样的男人，女人能不爱吗？

〖测测你的异性观怎样〗

如果你手上有一张纸，你要把它丢掉，你会选择用什么方式呢？

A. 随机一扔

B. 对折一下再扔

C. 拧弯了再扔

D. 揉成一团后扔掉

E. 撕成碎纸片再扔

答案解析：

选 A 的朋友

你是一个男女平等观念很强的人，你要求男女双方都要尊重彼此的主权。你崇尚自由的恋爱，属于只重视肉体享受的一类。

选 B 的朋友

你很会体贴女人，也很信任女人。把纸折成两半，表示非常注重女人的内心感受，倘若有朝一日你遇到了一个能说会演，以玩弄感情的高手为荣的大美女，你可就惨了。说不定会被那个女人骗得团团转，卖了自己还帮她数钱。

选 C 的朋友

你有恋母情结，总是喜欢跟比自己年长的女人在一起。把纸拧弯了再丢掉，说明你在和女性的交往过程中容易产生挫折感，当女人无法和你达成共识，不配合你的时候，你便会以暴力的方式处理。

后来，其中一个跟他交往过的女孩说，她不喜欢太务实的男人，没有风趣，平时就知道说教。女孩心里不好受的时候他不知道哄一哄，女孩生病了他也不知道关心，只是一再地劝说，一切都会好，不要太娇气。

没有哪个女人会喜欢一个不懂得关心、体贴自己，不会哄自己开心的死板的男人。

“坏男人”善解风情；“坏男人”懂得用花言巧语哄女人开心；“坏男人”会想方设法了解自己心爱的女人，从而与她更好地相处……而这些举动都会让女人看在眼里，记在心上，因为她知道，男人做这些都是为了自己，她会感激不尽，进而芳心暗许。

第 34 堂：其实你不懂分手

有这样一则故事：苏格拉底想到两千年之后的世界看看发生了哪些变化。可是他一来到人间，就见到有个年轻人萎靡不振，茶饭不思，甚是凄凉。于是就问他：“孩子，你何故如此悲伤？”

年轻人说：“我失恋了，心里难受。”

苏格拉底摇摇头，说：“孩子，不必这么悲伤，失恋是很正常的事，如果恋爱当中不会有痛心，那这段感情就索然无味了。只是我发现，似乎你失恋时投入的感情要比恋爱的时候多。”

年轻人叹了口气：“爱情，只有两个人的感受最真切，到手的葡萄没有了，这种失落的痛楚，是外人无法体会的，你怎能了解呢？”

苏格拉底笑了：“前方还会有更多更甜的葡萄，你为什么偏要守着过去的呢？”

“我会等，等到她回心转意。”

“也许这一天永远都不会到来，你还是会眼睁睁地看着别人为她穿上嫁衣的。”

“没关系，我对她是真心的，我可以用死来证明我的忠心。”年轻人的眼眶里泛着泪光。

“如果你死了，你非但无法挽回恋情，还会牺牲自己，让家人也跟着痛苦，这损失也太大了吧。”

“那我踩她一脚怎么样？既然我得不到她，别人也休想得到。”

“如果你这么做，会使她离你更远，而你原本不是想要接近她的吗？”

“可是我真的很爱她，那您说我到底应该怎么办？”

苏格拉底随即问了一个令年轻人怎么也无法接受的问题，那就是，假如他爱的人离开他以后会变得很幸福，他能否接受。

可是年轻人坚决否认，他说：“不可能，她曾经跟我说过，只有跟我在一起时，她才会感到幸福。”

苏格拉底提醒他：“那是过去的事，不代表现在，而现在许下的承诺，也并不能给将来上保险。”

很多男人会遇到同样的问题，心仪的女人起初对自己无微不至，温柔体贴。可是渐渐地，她性情大变，跟以前简直是判若两人，令男人无法接受，进而认为之前的温柔体贴都是骗人的。

苏格拉底对此的理解是：假如一个女人在爱你的时候对你不离不弃，不爱你的时候当机立断，那么她对你是诚实的，世上没有比这更大的忠诚。如果一个不爱你的女人，却还一直假惺惺地对你好，甚至跟你结婚，生子，那才是真正的欺骗，到时候你连退路都没有了。

每个人都有爱的权利，谁都不可能强制对方爱自己，因为那是不公平的。假如分手让你痛苦，那也并非是因为你为你爱的人痛苦，而是为自己的付出和损失没有得到回报而感到痛苦。

如果一个男人无法给自己的女人她想要的生活，何谈携手一生呢？她选择离开，既是诚实地告诉你：“我们不合适”，也是给了你选择下一段幸福的权利。

作为年轻人，万万不可因为失恋而产生自卑的心理，因为被抛弃并不意味着你很差劲，不值得爱，只是你没有在对的时间、对的地点遇到对的人。

如果你心里实在难受，就把一切交给时间吧，时间能抚平一切，淡化一切。无数被失恋折磨得死去活来的人，最终都能从绝望中走出来，重新选择自己的另一半，享受本该属于自己的那份幸福。

每个人都应当用感激的目光看待跟自己有交集的人，即便是被抛弃，也要为对方祝福。毕竟，爱是美好的。

〖测测你会不会先说分手〗

1. 当你的意见跟女友相悖时，你会固执己见吗？

会——转到 2

不会——转到 3

2. 你经常在女友面前提起身边其他优秀的异性吗？

是——转到 4

没有——转到 3

3. 你认识你女友的亲人吗？

认识——转到 4

不认识——转到 5

4. 你的朋友对你女友的评价如何？

好——转到 5

一般——转到 6

5. 就算没什么事，你也每天都会给她打电话吗？

是——转到 6

不是——转到 7

6. 假如有一天你就要不行了，你最后想见的会是你女友吗？

会——转到 8

不会——转到 7

7. 分手之后，你会用多长时间疗伤，接受下一段幸福？

很快——转到 9

很久——转到 8

8. 如果可以选择，你愿意成为善良体贴的王子，还是迷惑女人心的坏男人？

前者——D

后者——转到 9

9. 女友对你很好，只不过是感情趋于平淡，没有刚开始那么热烈了。此时有个优秀的异性正向你表示心意，你会怎么办？

拒绝——C

接受——转到10

10. 你有一件非常喜欢的衣服弄脏了，污渍清洗不掉，你会怎么处理？

扔了——B

再买一件一样的——A

答案解析：

选择A：

或许你的有些表现会让人觉得你很薄情，对待爱情的态度很不认真。其实并非如此，而是你在感情方面失去了信心。之前受到过的打击一直在你的脑海中挥之不去，在你的心里烙上了难以抚平的伤痕。

你觉得女人都是红颜祸水，无法信任。所以，即便是你有一个女朋友，也只是找了一个帮你消磨时间的伴儿而已。

选择B：

你对感情总是不满足，每过一段时间，你都会厌倦一份感情，然后换一个新的伴侣。

或许身边很多人都说你花心，但是只有你心里最清楚，你对每一段恋情都是很投入的。你很想好好谈一场恋爱，可是两个人总能随着时间的流逝，发现彼此身上有那么多难以包容的缺点。久而久之，你就会觉得很累，很失望。

虽然不想接受现实，但也不想继续忍耐下去，无奈只能结束这段恋情。就算你很不舍，也无法欺骗自己的感受。

选择C：

你很重感情，若不是万不得已，你是不会轻易言弃的。

你对感情的投入远远大于对方给你的，这是一种严重失衡的感情，一旦发生了始料不及的状况，就会直接刺激到你脆弱的神经。你会开始怀疑自己的选择，内心开始动摇。

你们的分手，大都是因为你的另一半做了令你无法忍受的事，或者经过一段时间的了解，你发现她实在是不适合你。

选择D：

你渴望跟一个心爱的人携手终生，而且非常憎恶玩弄感情的人。不过当今是一个谈不起恋爱的时代，人们的思想都变得很现实。所以，能给你这样的爱情的人实在是太难遇到了。为了能配得上将来有幸遇到的那个人，之前你会很努力地打造自己，以求在中意的女子出现时，能配得上她。

〖心理瑜伽第 34 式〗

1. 分开，也是一种成全

鲜花盛开的公园里，一只小蜜蜂无意间发现了一朵玫瑰花，花汁特别香甜，让它吃了个饱。之后，它就在这朵花上一动不动地待了两天。

第三天，它一觉醒来的时候发现这朵花已经枯萎了。它很伤心，不敢相信自己的眼睛，心想之前这朵花还绽放的，怎么一瞬间就凋谢了呢？

小蜜蜂不甘心，依然在这朵枯萎的玫瑰花上拼命地吮吸，可是吃到的却是苦涩的毒汁。

小蜜蜂非常气愤，于是抬头向整个世界抱怨道："为什么味道变了？"

终于有一天，小蜜蜂想通了，开始拼命地振动翅膀，飞得越来越高，结果它发现这朵玫瑰花的周围满是盛开着的鲜花，光彩夺目。于是，小蜜蜂得到了更多香甜的花汁。

很多人都做过这样一只不肯放下过去的小蜜蜂，整日里以泪洗面，茶饭不思，夜不能寐，都是因为太多的看不开、放不下，不停地往伤口上撒盐。内心饱受痛苦的折磨，仿佛整个世界都变得黯淡无光。

如果一个人爱上了一个不愿意跟自己长相厮守的不该爱的人，就像参与了一场赌博，用仅仅得到的一点甜头输光了一切。

爱情在给我们带来甜蜜温馨的同时，也带给我们不少苦恼。然而活在痛苦里的人永远意识不到自己还有选择新生活的权利，因为他们所留恋的那份情感，早就将自己关进了爱情的牢笼中，即使那份曾经美好的情感已经变了味道，他们也不愿意离开。

人们放下固执，丢弃个性，都只是因为一个人，一个自己深爱着的人。可是有时候，即便是我们付出了所有能够付出的代价，也无法挽回遗失的美好，一切，都已经不可避免地发生了。此时，我们所能做的，只有说服自己，放下过去，飞得高一点，这样才能看到一个更美好的未来。

放手，并不是大度，而是只有这样我们才能过好，人生不是一道是非题，每个人都有选择幸福的权利，假如这一次受伤了，今后就会更加谨慎，尽可能避免同样的伤害，还能获得更多幸福。

2. 爱她，就给她自由

很多人都说喜欢纳兰性德的那句“人生若只如初见”。很多男人都有这样的经历：某一天，看上了一个女人，她美丽而有内涵，这种感觉就像诗里写的，“众里寻他千百度，蓦然回首，那人却在灯火阑珊处”。

于是男人便开始了对女人的追求。功夫不负有心人，男人最终获得了女人的芳心，同时，也满足了自己的成就感。

渐渐地，随着时间的流逝，他们彼此间也有了更深入的了解，男人渐渐发现这个女人并不是自己梦寐以求的类型。女人的性情也跟先前有了很大转变，她总喜欢将自己的意志强加给男人，而且总会为了让男人更疼爱自己而使小性子。

后来，因为得不到回应，女人自觉无趣，毅然决然地放弃了这段感情，投入了他人的怀抱，给出的理由是男人不疼她，不关心她。男人的精神完全崩溃了，他不甘心，自己投入了那么多时间、精力、金钱，却换来了女人的指责和抛弃。于是，男人便开始学会抽烟、酗酒、滋事，也使得身边的朋友担惊受怕。

身为男人，应该比女人更加坚强，既然这段感情俨然成为过去式，没有了挽回的余地，那么不如就此放手，撂下这个沉甸甸的包袱，擦干眼泪，微笑着迎接未来。

爱是什么？人们常说，某人符合自己的欣赏眼光，所以才会爱上那个人。这足以说明，人们爱的往往是自己，是自己爱人的感觉。既如此，人就更没有理由因为失去一份爱而摧残自己的身心。不如劝劝自己，既然爱她，就给她自由，她会感激你的；相反的，如果你硬要将她强留在身边，她非但不会回心转意，还会越来越疏远你。

任何时候放弃伤痛都还来得及，你还是你。人都是在痛苦中成长的，成熟的你，才会找到真正属于你的幸福。

第 35 堂：就算为了那个女人

每个人对幸福的理解都不相同，但人们渴望并追求幸福的心理却是一样的。有的男人认为，一生中若能真真正正地爱过一次也就知足了；而有的男人则认为，得到一个自己深爱的女人就是一种幸福；还有的男人觉得，自己有一个可以给女人带来幸福生活的事业，能跟自己的女人过上想要的生活就是幸福的……

其实，一个男人的幸福并不取决于某个女人，而在于他自己内心的想法。一个人幸福与否，不在于他是谁，他拥有什么，他在哪里，而在于他自身的想法。幸福感，时刻都是与内心相连的。

有的男人很成功，有属于自己的事业，收入很可观；忙碌之余，他会为自己的妻子亲手选择一份精致的小礼物，妻子会觉得无比幸福。任何女人都渴望来自另一半的体贴和疼爱。

但是女人不了解，自己的男人在外面打拼的时候，究竟受过多少次残酷的考验。面对竞争日益激烈的社会，面对这个广阔的市场，一个男人究竟要费多少心思，接触多少形形色色的人，才能换回现在的理想生活。

王杰是很多人眼中的成功人士，他 24 岁大学毕业，毕业之后就开始创业，白手起家。因为家境不好，他向父母和甘愿跟着自己受苦的女友立下自己的豪言壮志，此生一定要靠自己的实力为家人换取美好的生活，于是，长达十年之久的艰苦创业之战打响了。

最初的时候，他一个人顶起了整个公司的所有业务，后来因为人格魅力备受欣赏，他得到了很多人才的慕名投奔和很多大公司老板的合作。随着公司的规模不断扩大，他在社会上的影响力也越来越显著，他也果然没有辜负家人的期望，成了一家人的顶梁柱。

一个男人就是需要这样的成就感，需要更多来自别人的认可和赞赏，甚至是仰慕，这会让男人形成一种高高在上的优越感。而这种优越感也会换来心仪女人的崇拜，这是每一个男人都渴望的，所以，他们将这一切视为此生最伟大的理想。

这一切都是为了什么呢？其实在男人心底，这一切都是为了那个他们深爱的女人。

〖测测你对婚姻的看法〗

以下题目只需回答“同意”或“不同意”，然后查看一下后面的答案解析。

一、您对婚姻的期待：

1. 只要感情美好稳定，就能得到美满的婚姻。

A. 同意　　B. 不同意

2. 只要夫妻之间互相信任，婚姻生活就会幸福。

A. 同意　　B. 不同意

3. 婚姻里的两个人的地位应该是平等的。

A. 同意　　B. 不同意

4. 结婚可以实现所有的梦想。

A. 同意　　B. 不同意

5. 婚姻可以改造自己的另一半。

A. 同意　　B. 不同意

答案解析：

以上1~5题反映出一个人对婚姻的期待，如果绝大多数题目选择了“同意”，这就说明你对婚姻的期待很高，这样并不好，一旦你发现了理想与现实之间的落差，就会很失望。

二、您对配偶的要求：

6. 夫妻之间也应该是很知心的朋友。

A. 同意　　B. 不同意

7. 夫妻二人应该遵循“男主外，女主内”的原则。

A. 同意　　B. 不同意

8. 一个家庭当中，男人的事业比女人的事业更重要一些。

A. 同意　　B. 不同意

9. 结婚就是找一个生活上的好帮手。

A. 同意　　B. 不同意

10. 夫妻之间的竞争会促进二人的感情。

A. 同意　　　　　B. 不同意

答案解析：

以上6~10题，表示你对配偶的期待。维系婚姻不是一个人的事，需要两个人共同的努力。如果以上五项当中，你选择的“同意”占了多数，这就说明你对配偶的要求太过严苛，这样会让对方觉得与你一起生活很累，没有自由感。

三、你对婚姻内容的期望：

11. 如果一个人的另一半随时都能让对方开心快乐，为对方着想，且不顾自己，那么那个人就是一个好配偶。

A. 同意　　　　　B. 不同意

12. 既然夫妻二人感情非常好，那么就意味着如果其中有一个心情不好，另一个就有义务让对方在自己面前尽情发泄不满。

A. 同意　　　　　B. 不同意

13. 夫妻之间应该对彼此的事情了如指掌。

A. 同意　　　　　B. 不同意

14. 两个人在一起，彼此的心情状态一定与另一方有着密切的关系。比如说：如果其中有一个心情不好，也一定是另一个导致的。

A. 同意　　　　　B. 不同意

15. 如果两个人的关系不是很融洽，生个孩子就会有所改善。

A. 同意　　　　　B. 不同意

答案解析：

以上11~15题，表示你对婚姻内容的遐想，“同意”的项目越多，就表明你对婚姻质量的要求越高，这样一段高质量的婚姻是要双方付出很多努力的。

四、你在面对婚姻危机的处理方式：

16. 即便是婚姻很不幸福，也比支离破碎的感觉好。

A. 同意　　　　　B. 不同意

17. 如果另一半执意离婚，那么就一定要想尽办法去挽留。

A. 同意　　　　　B. 不同意

18. 婚姻中出现很多问题都应该跟要好的朋友一起探讨。

A. 同意　　　　B. 不同意

19. 夫妻之间的很多问题，其实没必要跟专业人士讲。

A. 同意　　　　B. 不同意

20. 一段不是很美满幸福的婚姻，只要能维持安稳的现状，能混就继续混，凑合过日子也可以。

A. 同意　　　　B. 不同意

答案解析：

以上 16~20 题，暗示了你在面临婚姻危机时的一些处理方式和思想倾向，如果多半都选择了“同意”，表示你总是无法理性地看待婚姻当中出现的问题。

五、你对失败婚姻的责任归属倾向：

21. 如果婚姻失败了，就等于我这个男人没本事。

A. 同意　　　　B. 不同意

22. 如果老婆有外遇，就等于我之前做的牺牲和努力都白费了。

A. 同意　　　　B. 不同意

23. 只要她爱我，要我怎样都行。

A. 同意　　　　B. 不同意

24. 如果我的婚姻很不幸，在外面我会觉得抬不起头来，觉得会被人瞧不起。

A. 同意　　　　B. 不同意

25. 夫妻二人应该经常一起走。

A. 同意　　　　B. 不同意

答案解析：

以上 21~25 题，表示一个人在面临失败婚姻的时候，会将责任归结于谁的心理倾向。这 5 道题中，如果“同意”较多，表示你是一个很容易将责任揽到自己身上的人，即便不是你一个人的错，你也会很内疚，觉得对不起对方。

总体分析：如果每一部分的 5 道题中，你有 3 个或 3 个以上选择了“同意”，就说明你应该反省一下了，你对婚姻的理解还不够透彻，不够客观。

〖心理瑜伽第35式〗

1.包容自己的女人，给她多一点关注

人们常说“相爱容易相处难”，恋爱时期与婚后的差别是很明显的，婚前的男女为了给对方一个好印象，会有意识地掩饰自己的很多缺点；婚后则不同，一切都归于平淡，此时的两个人成了彼此生活上的伴侣，不会故意隐瞒彼此的缺点，而是试着接受对方的好与坏。

小王的婚后生活并不美满。与朋友聚会时他说，起初，因为觉得这个女孩气质非凡，很有文采，也很时尚，与自己有很多共同语言，于是，便开始追求。之后的几年里一直很幸福，于是二人决定结婚，计划成家立业。

但是他没有想到，婚后的女孩会变得这么快，简直判若两人。曾经那个温柔体贴惹人怜的她去哪儿了？为何婚后展现在自己面前的会是这样一个刁钻的女人，凡事都爱斤斤计较，一点儿亏都不吃，而且一旦发生了什么事，就将责任全部推卸到他身上，将自己的过错推得一干二净，简直不可理喻。

小王四处抱怨，一位朋友笑着告诉他：“女人普遍都有一种‘猫性’，是需要男人去哄的。婚后很多女人因为想要丈夫再多给她一点爱和关切，就变得很‘坏’，事事与丈夫对立，甚至不惜与丈夫吵架，也一定要他感受到自己的存在。”

那位朋友叫小王尽力回忆婚前婚后的一些细节变化。原来，自从结婚以后，小王在事业上投入了过多精力，一天24小时基本都在外面度过，就连难得的双休日以及法定节假日，都不能陪伴妻子，这样妻子觉得婚姻生活不幸福，很孤独。

为了让丈夫注意到自己的存在，她便开始无休止无原则地“捣乱”，事事计较，摆出一副不可一世的神态给丈夫看，让他为难。仿佛看到了丈夫的为难，她会很开心、很满足。

男人打拼事业是为什么？除了孝敬父母，实现自己的理想，是不是也有很大一部分原因是为了让自己心爱的女人崇拜自己，为她能够嫁给自己而感到高兴？

但是，一个只知道忙于事业的，却很少关照自己女人的男人，又怎么会得

到女人的认可和理解呢？女人是一个很奇特的物种，她们会很容易胡思乱想，如果你对她不冷不热，她就会担心自己是不是有情敌了，是不是丈夫不爱自己了。于是，女人的小心眼儿就会在男人回家后淋漓尽致地表现出来。结果就是，男人在外辛辛苦苦忙了一天，回家本应该休息的，却遭到妻子无理的“炮轰”，不烦才怪。

很多夫妻都是这样将事态演变得越来越不可收拾，直到不得不离婚，如果不想让婚姻走到这步田地，作为男人，多包容和理解自己的女人，多给她一点关注，无疑是最为明智的选择。

2. 好男人对家庭要有责任心

一个男人，既然选择了一段婚姻，就应当好好珍惜，用心去经营，不要去相信社会上流传的所谓“三年之痛”、“七年之痒”之类的观念，要对自己有信心，对妻子有信心，对婚姻有信心，这样才能积极主动地获取自己的幸福。毕竟幸福不是随便一个人就能给你的，而是凭借自己的努力创造的。

大概是因为东方保守文化的影响，很多男人都会有某些“大男子主义”，存在某些不符合婚姻公平的理念，事实上，当今社会，不论男女，都应该有公平公正的待遇。男人试图将婚姻作为束缚女人思想行为的利器，是极不负责和自私的。

要知道，妻子未必一定要附和丈夫的思想，不论妻子还是丈夫，都无权利用婚姻将另一半重装改造。尊重另一半作为一个人的独立性和自主性，其实也是对另一半负责，对婚姻负责。

第 36 堂：最重要的是她的内心

在一段爱情当中什么最重要？绝大多数人都认为是感情，因为只有感情好，两个人才能走得远。其实并非那么容易。男人如果不懂女人心，不懂得与女人交流，即使最初有感情，生活也会变得令人烦躁不安，两个人相互之间还会出现很多不和谐。

都说女人心，海底针，女人的心事最难以琢磨，其实这不过是因为男人没有用心去观察女人，所以才会觉得难以理解。

很多女性虽说外表看上去很坚强，其实内心还是很柔弱的，每一个女人都渴望被爱，被呵护，她不在乎男人能给她多么好的物质享受，却会永远记得男人在她生日那天亲手为她制作的小礼盒；在她忙着做饭的时候，你从身后将她搂在怀里问一声今天我们吃什么，也会让她觉得幸福甜蜜；过马路时，你紧握着她的手，她就会觉得有你在很安全。

无论什么类型的女人，都期待幸福，所以她们一直会等待一个让自己有这种感觉的男人出现，等着这个男人对她好。而女人期待的这种“好”，其实是件很普通很平凡的事。

换一种角度来说，女人的心，相比于女人的面容来说，哪一个更重要呢？务实的男人大都会选择前者。虽然男人都喜爱美丽的女子，但是，他们也懂得，只是好看，却无内涵的女人，中看不中用，还不如买张字画挂在家里欣赏呢。

那么，男人究竟应该选择什么样的女人一起生活呢？自然是适合自己，懂得和了解自己的女人。想要拥有这样的女人，首先必须先聆听女人的心声，只有心心相印，这种希望才能实现。

当上帝用亚当的肋骨塑造出一个夏娃时，就预示了男人应当认真疼爱和照顾身边那个女人，因为每一个女人都是某一个命中注定的男人身上的肋骨变成的。

〖测测你是否真的了解她〗

1. 你没有跟她约好见面时间，但有一天她主动来找你，来的时候：

A. 自己来的

B. 带了一位小朋友

C. 叫上一个女伴一起来的

2. 你在跟她逛街，这时遇到一个女性朋友，于是你们攀谈起来，这时身边的那个她会：

A. 有些生气，并且叫你借口离开

B. 很不自在地听你们聊天

C. 一点都不介意

3. 和她相识以来，你们的每次会面，她的表情都是：

A. 很高兴，充满活力

B. 情绪时好时坏

C. 情绪低落

4. 如果你跟她很久没见面了，这次见面她会跟你说什么？

A. 有关你们两个人的事

B. 无关紧要的事

C. 关心这些日子你都在干什么，跟什么人在一起。

5. 对于下一次约会的时间、地点等事项提出建议的一般都是你们其中的谁？

A. 两人都提过

B. 你提出

C. 她提出

6. 一个男人与一个女人如果时常在一起，大都会被周围的人理解为他们之间有意思了。每个女孩都很希望男友能让自己登堂入室，也希望自己的亲朋好友都认识男友。如果有一天你主动提出要到她家中探望时，她会：

A. 借口推迟时间

B. 拒绝

C. 欣然答应并邀请你去

7. 你和她交往过程中一些细节问题你还记得吗？比如那次约会她穿了什么衣服，她平日里都喜欢吃什么之类。

A. 基本不记

B. 记得很清楚

C. 有印象

8. 在你和她谈理想、谈人生时，她：

A. 并不感兴趣

B. 即使有不同观点也会渐渐随从你

C. 保留意见或者婉言向你解释她的看法

9. 当你遇到不顺心，正苦闷的时候，她：

A. 几乎察觉不到，或者没什么表示

B. 很快看出来你的不对劲，并跟着你一起苦闷

C. 情感变化不大，但有感觉

10. 当你建议她读一本书的时候，她：

A. 很快看完然后奉还

B. 拖拖拉拉地看

C. 不看，或者骗你说看过了

11. 当她收到你写给她的情书时，她：

A. 很快回信，并且同样写得很认真

B. 很多天以后才回信，内容敷衍了事

C. 短短几句话或者根本不回复

12. 在与你交流的过程中，她对你的性格、品质、学识等方面有过赞扬吗？

A. 偶尔

B. 从不

C. 多次

13. 是不是有时候发现她正偷偷看你，而当你去看她的时候，她却羞涩地低下头，或者立即转移目光？

A. 偶尔

B. 没有

C. 多次

评分标准：

以上 1~3 题从 A 到 C 选项得分分别为 1、3、5；4~6 题是 3、5、1；7~9 是 5、1、3；10~11 是 1、3、5；12~13 是 3、5、1。

答案解析：

49 分以上

这个时候不适合表白，时机尚未成熟。这个女孩对你还没有意思，还没有进入角色，还需要再花些时间和精力让你们双方去更多地了解彼此。

23 ~ 50 分

这个时候求爱显然不太合适，因为女孩对你的感情还不深，你们还处于若即若离的阶段。强扭的瓜不甜，所以此时不要急切去表达自己的心意。最好分析一下彼此的状态和倾向，再决定要不要对她说。

0 ~ 24 分

时机已成熟，现在你应该把握时机，向她求爱。从平日里她的一些表现，不难看出她已经对你有意了，只是羞于面对你。而此时，就是你的绝佳机会，主动一点，她一定会点头的。

〖心理瑜伽第 36 式〗

1. 选择女友，内心比外表更重要

话说男人都好色，没有哪个男人不喜欢相貌出众的女人，但是，这只不过仅限于欣赏的层面而已，男人选择终身伴侣时，其实并没有那么肤浅，他最看重的，还是这个女人的内心。

阿玲是某公司的行政前台，众所周知，前台一般都会选择貌美有气质的女性来担当。这家公司的老板也不例外，选择阿玲，就是因为看中了她姣好的面容，火辣的身段儿，以及灵活的头脑。阿玲是个圆滑的女人，处理棘手的问题也很拿手，为公司解决了很多事情。

很多男同事暗中默默喜欢阿玲，却一直没能鼓起勇气向她表白，因为阿玲实在是太优秀了，人长得漂亮，为人处世跟她本人一样漂亮。

后来，经人介绍，阿玲认识了一个并不英俊，却很有实力的男人。在交往的过程中，男人也发现了阿玲的诸多优势，她身上透着一种霸气，她的野心与战斗力令男人折服。在这个现实的时代，不论男女，都希望自己的另一半是一个潜力股，只有这样，二人才能共同努力，创造美好的生活。

或许是因为当时两个人都把时间和精力投入在事业方面，平日里聊得最多的也都是有关商业市场之类的话题。虽然两个人相处了一年的时间，但是实际上，他们对彼此的了解依然不够。

婚后，丈夫逐渐发现，阿玲是一个热衷于事业，冷淡于家庭的女人。换言之，她仿佛就是为事业而生的。假如一个家的女主人是一个能力极强，挣钱比男主人还多，却不太会与丈夫相处的类型，这让男人情何以堪？

在男人看来，什么最重要？当然是尊严，所以丈夫感觉阿玲给了自己很大的压力。后来，丈夫找阿玲谈过这个问题，并希望阿玲不要太过强势，温柔一

点，对丈夫体贴一点。可是阿玲没有听他的意见，相反的，她觉得丈夫很不通情达理，所以依然自顾自地拼命。

丈夫无法忍受阿玲给自己带来的压力，面对阿玲的忽冷忽热，若即若离，他最终放弃了与阿玲的沟通，直接提出了离婚。

事实上，一个女人的相貌固然重要，她的内心更重要，她是不是一个懂得爱别人的人，心里有没有你，有没有仁爱之心，品行如何，对于一个男人来说，都比相貌更能吸引男人，设想，一个为了创造未来美好生活而奔波的男人，回到家里倘若还要面对妻子的冷漠，那么这个世界该是多么的凄凉。

2. 了解她的心，比感情更重要

有这样一则故事：有一对夫妻，他们都很喜欢吃鱼。妻子爱吃鱼头，丈夫爱吃鱼尾巴，每次吃鱼，丈夫总是把鱼头留给妻子，妻子也会把自己喜欢的鱼尾夹给丈夫吃。很多年以来，他们夫妻一直保持着这种默契。

“逝者如斯夫，不舍昼夜。”时间像飞一样，承载着这对夫妻走过了一个又一个春夏秋冬，转眼间，两个人已经两鬓斑白了，却依然相濡以沫。

都说结婚50年，便是金婚。金婚纪念日那天，老两口张罗着要好好庆祝一下。于是，二老穿戴齐整，带着一种感慨万千的心情相扶着去了餐厅。

每次餐桌上都少不了一道美味的鱼，每一次，也都是两个人互相把自己最喜欢吃的一部分让给对方。

无意中，老头子说：“老婆，我最爱吃鱼，但不是只喜欢吃鱼尾巴，今天你就别给我夹了。”老妇人顿时愣了，长叹一声：“其实，我也并不喜欢吃鱼头。”两人的心情一下子变得很沉重，仿佛周围的空气也凝固了一般。

二人不觉陷入了沉思。这些年来一直都是这样，两个人都想当然地把自己最喜欢的分享给自己的另一半，却从未深入地了解过彼此的喜好。

很多年轻人认为，只要两个人真心相爱，一切都不是问题，毕竟，感情在，一切都在，感情没了，一切都会变得没有意义了。然而，现实并没有这么简单，两个互相不够了解的人，或许最终会发现彼此之间没有太多的共同话题，即便能相敬如宾，平淡地相守一生，也不能称得上是一段完美的婚姻。

所以，男人需要主动去了解女人，主动与她沟通，如此，女人也会相应地接受男人的沟通要求，并且还会推心置腹地将自己内心最真实的一面呈现给男人，让他对自己有一个更加深入的了解。也就是说，第一个打破沉寂的人，总能得到理想的回应。

第 37 堂：色即是空，空即是色

有句话说：99% 的男人都“好色”，至于剩下的那一个，也是个假正经。

“好色”，其实并不是一种缺点，而是男人所具备的一种特质，所有的男人都欣赏穿着低胸吊带裙，一身活力的青春美少女；所有的男人都迷恋长发飘飘的性感女郎，忍不住多看两眼。

但是欣赏归欣赏，不能有邪念。有些男人见了动人的美女，便会把持不住自己的欲望，做些出格的事情；而有的男人，则用欣赏的眼光看待身边的美女们。真正的君子，好色而不淫，阅尽人间春色，但不会处处留情。

2007 年 7 月 9 日，济南发生了一起震惊全国的爆炸案。案件发生在当天下午 5 点 30 分左右，一辆私家轿车爆炸，导致 1 人死亡，1 人受伤。死者是个女性，还殃及了另一辆车和出租车司机。

死者貌美如花，与某党政机关身居要职的段某存在长期的暧昧关系，并在段某的帮助下，由一名普通工人提升为正科级国家公务员。

据知情人介绍，这个情妇为了维护段某的公众形象，曾经匆忙嫁给了一个医生，但由于女人跟段某长时间保持不正当的两性关系，她的丈夫主动提出了离婚。离婚后，她又缠着段某为自己买洋房，买豪华轿车，花了 80 余万元，她的胃口越来越大，并且要段某同妻子离婚。段某不同意，于是情妇开始实行报复，不但向段某索要一百万元的补偿费，还到有关部门告了段某一状。

从那以后，段某与情妇彻底分手，之后二人发生了激烈的争吵。段某恼羞成怒，指使他人策划实施了这次震惊全国的特大爆炸案。2007 年 8 月 23 日，山东省高级法院以多项罪名判处段某死刑，剥夺政治权利终身。2007 年 9 月 5 日，段某在济南被执行死刑。

在诸多落马和被判刑的政府官员中，包“二奶”甚至嫖娼的数量居多，据新华社报道，被查处的贪官污吏中多半都有情妇，腐败案件基本都与情妇有关联，甚至有些贪污案件是因为官员的情妇泄露秘密而侦破的。

当今，许多高官倚仗自己的地位，滥情于众多女人之间，肆意宣泄自己的淫欲，却从未想到，这样的生活无疑是徘徊在灭亡的边缘，一旦事情被揭发，就会面临身败名裂的下场，严重的还会酿成惨剧。

〖测测你的“好色”指数〗

1. 餐桌上摆着很多道菜，你会先吃最喜欢的那一盘吗？

是——转到 2

否——转到 3

2. 如果你看上了一件很贵重的东西，会狠心买下来吗？

是——转到 4

否——转到 6

3. 如果你是一种动物，你觉得自己应该是猫咪吗？

是——转到 5

否——转到 7

4. 你经常脚踏两三只船吗？

是——转到 6

否——转到 7

5. 经常会有异性送你礼物吗？

是——转到 8

否——转到 10

6. 有并不熟悉的异性向你表白过吗？

是——转到 8

否——转到 10

7. 你经常被人称赞显年轻吗？

是——转到 10

否——转到 9

8. 在你的经历中，是不是经常有贵人相助？

是 ——转到 9

否——转到 11

9. 你对金钱管得非常紧吗？

是——转到 15

否——转到 12

10. 你经常没有主见吗？

是——转到 14

否——转到 13

11. 你总会答应别人的要求吗？

是——转到 14

否——转到 15

12. 你是不是也有对嗜好三分钟热度的表现？

是——转到 15

否——转到 16

13. 是不是很多人说你可爱，却不觉得你英俊？

是——转到 18

否——转到 17

14. 你喜欢对别人使坏吗？

是——转到 20

否——转到 16

15. 你在给别人买礼物的时候都会经过精挑细选吗？

是——转到 19

否——转到 17

16. 跟异性一起走的时候，你总会走得比她快吗？

是——转到 19

否——转到 20

17. 你喜欢吃甜食吗？

是——转到 20

否——转到 19

18. 你觉得女人应该豪放、爽朗一些吗？

是——转到 20

否——转到 19

19. 经常有人会说你迟钝吗？

是——B 型

否——A 型

20. 你觉得你很受人欢迎吗？

是——D 型

否——C 型

答案解析：

A 型：好色度 90%

你是一个喜欢刺激的人，自我控制能力不是很强，每当邂逅心仪的女人，你都会变得蠢蠢欲动，不由自主地驱使自己去一亲香泽。这并不是好现象，男人要尽可能控制自己，让理智始终占上风，否则会招来很多不必要的祸患。

B 型：好色度 70%

你对自己一向信心十足，在异性面前，总会寻找机会好好表现自己。所以，你的异性缘还是很不错的。尽管如此，你也不是对什么样的异性都会感兴趣，越是容易得手的，就越不能使你看好；而越是追不到手的，就越能激发你的斗志，直到得手为止。倘若遭到拒绝，你就会心生邪念，通过违背良心的手段达到目的，所以，一定要控制住自己。

C 型：好色度 50%

通常情况下，你都不会冒这个险，不想让别人知道自己对异性的好感，说自己是色狼。一旦你陷入美丽的诱惑当中，就会显得很为难。你心里清楚自己需要控制，不能犯过失，但是又忍不住遐想连篇。由于你本身的自我抑制力强，所以不必担心，你还是能够压制内心色魔的。

D 型：好色度 30%

在你身上绝对不会出现轻薄异性的行为，因为你是个处事认真的正派之人。不过男人的本能并不会泯灭你对异性的渴望，只是你很能控制自己。所以，对异性来说，你是一个值得信赖的好男人。

〖心理瑜伽第 37 式〗

1. 男人“好色”不是罪

男人“好色”不是思想龌龊，而是一种生理本能。“好色”的本能并不影响一个男人的道德，只有在“色心”的驱使下采取一定的行动，并导致不良后果，才是不道德的。

女人的美丽，是要男人来欣赏的，“好色”，是男人赞美女人，讨好女人的方式。假如世上的男人都不“好色”了，女性之美也就没有了意义，这个世上也不会有人繁殖后代了，那是多么可怕的事情啊。

有个事业男说，上大学那会儿，因为他们专业女生居多，而且个个漂亮，深得老师们的宠爱。每当快要考试的时候，班里都会派几位美女跟任课老师发一通嗲，老师实在招架不住，就会将考题范围告诉她们，于是，大家也就不用为自己考试考不及格而担心了。

美丽的女人，分数自然是低不了的。男生们都暗自不爽，无奈地认为学校的男老师没有一个不“好色”的。

其实，男人“好色”不分年龄、社会背景、人生阅历等，是个男人都“好色”，都喜欢美丽的女子。只是，有的男人是以一种欣赏的眼光去看待女人的，而有的男人，则是为了满足自己可耻的欲望而“好色”的。

2. 想成大器者，千万不要被美色迷惑

男人见到美貌而又性感的女子，大都会产生一种占有欲，有的甚至想入非非。此时，很多男人会采取追求的行动，但多数不是因为喜爱之情，而是为了满足一种对于美貌女子的征服和占有欲。

能成大器的男人不会因为贪恋美色而误了正事，反而还会更加上进，让自己飞黄腾达，功成名就，以求给自己心爱的女人争取高质量的生活，带给她最大的幸福。

“遥想公瑾当年，小乔初嫁了。”

说起周瑜，很多人都为之惋惜。这个俊朗青年，才华横溢，踌躇满志，却英年早逝。给这个世界留下了“既生瑜，何生亮”的哀叹。

曹操在《赤壁》一诗中写道：东风不与周郎便，铜雀春深锁二乔。

历史记载：东汉末年，乔公有两个女儿，一个叫大乔，另一个叫小乔。两个女儿天生丽质，犹如仙女下凡，没有哪个男人不向往。周瑜很幸运地娶了小乔，但他没有因为抱得美人归而忘记了身上的重担。他一心辅佐孙权，誓死捍卫东吴的江山。在孙刘联盟共讨曹贼的过程中，周瑜煞费苦心，为赤壁之战贡献出了全部的精力和实力。

虽然周瑜最终因为气大伤身而患病身亡，但是他的一生依然是辉煌的。

第 38 堂：当断则断，不断则乱

马，是一种通人性的动物。之所以这么说，是因为有人曾亲眼见到过，当马即将离开主人，或即将面临死亡的时候，就会流眼泪。

一天下午，小孙在路旁遇到两个赶马的人，不由得想起先前听说的有关马会落泪的传闻。于是，他便追随赶马人走了一段，一路上问了很多有关马的问题，他了解到，一旦马老了，就会被主人以低廉的价格兜售出去，任人宰杀。

小孙问他们："马在感觉到自己要被送走时真的会落泪吗？"

他们一听就乐了，连连摇头说不会。

小孙很惊奇，说："我听说马在即将离开主人的时候都会哭泣，难道不是真的吗？"

这时，他们其中的一个反问小孙："主人都已经抛弃它了，它还有难过的理由吗？"

另一个接过话茬接着说："主人对它好的时候，它有感情；主人对它不好了，不要它了，还有必要难过吗？"

他们的神情是那么的自然，看似默认了这个冷漠而又现实的道理。

小孙由此想到了爱情。现实生活中，总是有一些思想不现实的人，他们崇尚爱情，盼望爱情，一旦得到了一份感情便不肯放手，攥得死死的。一旦其中有一个背叛了他们的爱情，另一个就会寻死觅活，怨声载道，渐渐变得面容消瘦，仿佛一夜之间就衰老了很多。

很多男人在失恋的时候都会说："我不能没有她。"可是那个女人的心思却早已不在他的身上，甚至完全忽略了他的存在。她并没有对其他男人怀有什么心思，只是厌倦了这段恋情，不再爱他，不想再见到他，不想跟他呼吸同一个空间的空气，甚至希望他赶快从这个世界上消失。

作为被舍弃的一方，心里难过，却又无力回天，于是开始茶不思饭不想，夜里辗转难眠，终于忍不住给她打个电话，放下男人的尊严恳请她回心转意。但是这样的死缠烂打，纠缠不清，痛苦的却只有自己。

俗话说强扭的瓜不甜，一份感情走到这一步，就好似即将离开主人，成为人类盘中餐的老马。既然要走，就不必留恋，无需让这样一份扭曲了的感情摧残自己的身心。爱情，是个折磨人的东西，假如对方没有回应，你还坚持什么？

所以，当断不断，必遭其乱。舍弃应该舍弃的，才能追求该追求的。男人，需要一个为他着想的女人跟他度过一生，而非自私自利，只顾自己，不考虑他人感受的女人，这种女人，不要也罢。

〖测测你是不是难忘旧情〗

一天，你和恋人一起去山上踏青，你觉得风景很美，忍不住想要画下来，你会怎么画呢？

A．云在半山腰

B．云跟山一样高

C．云比山高

答案解析：

选择 A 的朋友

你对旧情人依然念念不忘，这会影响到你现在的新恋情。如果你不想失去现在的情人，就不要用这种问题令对方不快。时间是唯一良方，终有一天你会忘记过往，重要的是珍惜现在拥有的。

选择 B 的朋友

你会喜欢上与旧情人同一类型的异性，也许就是因为这种相似之处，才会使你看上她，由此可见，你是一个会采取补偿行为的人。不过，为了维护现在的感情，最好还是尽量避免谈及那些往事。

选择C的朋友

你已经彻底放下了过去，不再被旧恋情束缚。也只有把心放宽，才不会把旧情人深深地埋在心底。你对现在拥有的这份感情很专注，很负责，虽然偶尔也会谈及旧情人，但也只不过是当做往事来回忆罢了，不会有任何的思想负担。

〖心理瑜伽第38式〗

1.放弃痛苦，选择快乐

从某种意义上说，人生，其实就是一个不断选择以及被选择的过程。当你被一个你看好的人选中时，内心一定是无比喜悦的。而当你被抛弃的时候，伤痛会使你没有心思尝试新的快乐，以至于你无法面对新的开始。

有选择，就会有失去，“获得”总是伴随着“失去”。许多事情，也只有亲身体验过，才会懂得。就像感情，受伤了才知道保护自己；有痛感了才知道对自己好一点。

有一位丈夫，婚后一直都有拈花惹草的恶习，他的前妻因为不堪受辱，受尽了家庭暴力的摧残，最终选择起诉离婚。然而这个男人并没有善罢甘休，几年后的一天，他找来浓硫酸泼在了前妻身上，导致她一只眼睛失明，全身百分之四十烧伤。

前妻面目全非，也失去了工作，膝下两个孩子还要靠她养活，更要命的是，尽管前夫被关进监狱，但是在他出来以后依然有可能会继续兴风作浪，伤害她。

她的前夫曾经叫人传话给她：“现在的你没人要了，没关系，我要你，你给我老老实实地把孩子送回来。”女人听罢，非但没有一丝欣喜，反而惊恐万分。一个说过永远不要失去你的人，未必爱你，或许，那不过是一种属于男人的占有欲，欲望促使他许下诺言，其实，未必是真心话。

人世间的每一种感情都是美好的，尤其是刻骨铭心的爱情，它能给人信心和力量。可是一旦面临失去，人的心就会变得极为脆弱，不堪一击，到头来只有自己独自一人望着碎了一地的心，不知从何粘起，这个世上，根本没有可以修复人心的胶水。

其实，生活中无需过多无谓的执著，没有什么不能割舍，只是你还不够豁达。放弃应该放弃的，你会觉得生活还是那样美好。

2. 放得开，才能走得远

有一个女孩，她很爱自己的男友，由于男友长相英俊，心地善良，是很多异性追求的对象，所以女孩生怕失去他，将他看得死死的，使得男友心烦意乱，最终跟她分了手。

女孩感到很伤心，就将事情的过程讲给了母亲。她的母亲将她带到海边，抓起一把沙子对女孩说："孩子，你看，我用手轻轻将沙子放在手心，它会漏掉吗？"

女孩看了一眼，沙子一直都在母亲手心里，纹丝不动。

母亲把手攥紧，只见沙子从她的指缝里大量流出，攥得越紧漏得越多，最后，母亲手中的沙子一粒不剩，全漏掉了。

此时，女孩恍然大悟，她终于明白了，爱情有时候就像这捧在手心的沙子，越是害怕失去，就越有可能会失去。

人，不论男女，都是非常重视感情的，而叫一个人放弃一段难以割舍的恋情，就好比拿一把尖刀将他们的心一片一片地割掉，声嘶力竭地痛感让他们更加不能接受失去挚爱的现实。

但是，如果我们换个角度来考虑，坚持一段没有结果的恋情，又能得到什么呢？你会幸福吗？既然那份爱已经不复存在了，剩下的就只有回忆了。人不可能永远活在回忆里，只要将这段美好的记忆留在心里，就足够了。爱情，永远不可能成为生命的全部，而将爱情视为唯一活下去的理由的人，都是不成熟的，一个人成熟与否，跟年龄无关。

所以，如果你失恋了，不要绝望，不要站在原地守望那个已经渐行渐远的过去，学会放手，你就能得到崭新的生活、蜕变的自我。

第 39 堂：得不到的，未必是最好的

人们常说，得不到的才是最好的。因为越是得不到的东西，就越能勾起人

的兴致。得不到，就意味着一切幻想正如在怒放中突然夭折的花，人们看到它的最后一眼，就成了一个完美的定格。所有美好的梦想犹如一件破碎了的宝物，无法修复，惹人怜惜。

但是实际上，“得不到”的并不是人世间最美好的，虽然它在人的心里占据相当重要的位置。或许它是有瑕疵的，或许它是虚构的，或许它根本就是丑陋的，可是人们依然喜欢活在一个弥天大谎里，心甘情愿地接受它。

有这样一个故事，说的是从前有一座圆音寺，每天都会有很多烧香拜佛的人。寺庙前的横梁上有个蜘蛛结了张网，由于它在寺里待的时间长，所以有了一点佛性。经过一千多年的修炼，功力增加了不少。

一天，佛祖光临圆音寺，见寺里香火烧得很旺盛，心里很高兴。就在他正要离开寺庙的时候，不经意地抬头看了一眼，看到了梁上的那只蜘蛛。于是问它：“你我今日相见也算有缘，我有一个问题，你修炼了一千多年，应该得出了一定的真知灼见。”

蜘蛛见了佛祖惊喜万分，连连点头。佛祖问：“你觉得世间最珍贵的东西是什么？”蜘蛛想了想说：“是‘得不到’和‘已失去’。”佛祖点了点头，随即离开了。

又过了一千年，蜘蛛依然在原地修炼，它的佛性已经很强了。

一天，风很大，一滴甘露被风吹到了蜘蛛网上。蜘蛛看着它，觉得它很美，晶莹剔透，还泛着光亮，甚是招人喜爱。自从有了这一滴甘露，蜘蛛变得很开心，它觉得这是三千年来最开心的时光。后来，又刮起了一阵大风，甘露被吹走了。

蜘蛛一下子就像丢了自我一样，变得寂寞难耐，很是悲伤。

这时，那位佛祖又来了，问蜘蛛：“如今又过去了一千年，你有没有再好好想过我提出的那个问题：你觉得世间什么才是最珍贵的？”

此时的蜘蛛满脑子都是甘露，它伤心地跟佛祖说：“我依然认为人世间最珍贵的是‘得不到’和‘已失去’。”

佛祖说：“好吧，既如此，不如来跟我到人间走一走吧。”

蜘蛛投胎为一个官宦家庭的小姐，名叫蛛儿。时间过得很快，十六岁的蛛儿已经长成了一个婀娜多姿的少女，楚楚动人，令人怜爱。

新科状元名叫甘鹿，那天，皇帝在后花园为他举办庆功宴。蛛儿跟随其他妙龄少女，还有长风公主一起赴宴。状元郎大献才艺，诗词歌赋样样精通，他的才华横溢折服了在场所有的少女，但蛛儿知道，这是佛祖赐给她的姻缘，此生跟状元郎甘鹿在一起的，是自己。

过了些时日，蛛儿陪母亲上香拜佛，甘鹿恰巧也陪母亲一同来了。上好香，拜过佛，两位母亲就聊了起来，蛛儿和甘鹿也在一处的走廊上聊起了天。蛛儿心想，盼了这么多年，终于可以和喜欢的人在一起了。可是甘鹿对她似乎没有那种感觉，也没有表示什么。

蛛儿问甘鹿还记不记得十六年前圆音寺的横梁上有一张蜘蛛网，他被风吹到了网上。甘鹿很诧异地看着蛛儿，说她人长得好，而且想象力太丰富了。之后，他便陪同母亲离开了。

蛛儿的心碎了，回到家就开始埋怨佛祖，既然安排了这场姻缘，为何抹去他的记忆？

更令她痛心的是，没过几天，皇帝就下召命新科状元甘鹿与长风公主完婚；而蛛儿，跟太子芝草完婚。蛛儿怎么也想不通，佛祖为何如此戏弄自己。之后的几天，蛛儿茶饭不思，夜不能寐，将时光都给了无尽的思念和伤痛，最后变得面容消瘦，奄奄一息。

太子芝草知道后，匆匆赶来，见了蛛儿便扑倒在床边，对蛛儿说道："那天我在后花园嬉戏的众姑娘中看中了你，日夜思念，我苦求父皇，才得以成全。若你撇下我不管，我也不活了。"说完就拿宝剑准备自杀。

在这个节骨眼儿上，佛祖显灵了。他对蛛儿快要出窍的灵魂说："蜘蛛，你有没有想过，甘露（甘鹿）是由风（长风公主）带来的，最后也会被风带走，所以，甘鹿是属于长风公主的，不属于你；而太子芝草是当年圆音寺门前的一棵小草，三千年来，他一直默默地关注着你，爱着你，可是你却从没低头看过它一眼。"

说完，佛祖又问蜘蛛："你认为世间什么最珍贵？"此时的蜘蛛恍然大悟，对佛祖说："我明白了，世间最珍贵的不是'得不到'和'已失去'，而是我能把握住的现在的幸福。"

佛祖离开了，蛛儿的魂魄也回位了，她睁开眼睛，看到太子芝草正要自杀，马上打落了他手中的宝剑，跟太子深情相拥。

现实生活中，很多男女都持有同样的看法，认为越是得不到的，就越证明那是好的，是可遇而不可求的，自己不太有可能会是那个幸运儿，但也不会将心意动摇。然而，他们都没有注意到，就在身边的一个不起眼的小角落里，一直都守候着一个人，而那个人，才真正属于自己。

〖测测你适合什么样的爱情〗

假如桌上放了一只橙子和一瓶啤酒，你的第一反应会是什么？

A. 或者先吃橙子后喝酒，或者喝完酒再吃橙子

B. 把橙子打成果汁，然后加一点酒

C. 把橙汁加入酒中或把橙子切成片放进酒中搅拌

D. 这两件东西没什么关系

答案解析：

选择 A：

你是一个对生活充满激情的人，在你身上比较容易发生闪电式的恋爱。你的另一半有可能是你在公开的娱乐场所结识的，你对她可谓是一见钟情。

选择 B：

你很懂得浪漫，你会在出门旅游，或者出差的时候遇见你心仪的对象，你们之间会上演一段非常难忘的浪漫恋情。

选择 C：

你一向慎重考虑自己的终身大事，属于慢热型，你比较适合类似于“近水楼台先得月”的爱情。因此，你将来的另一半很有可能会是你的同学、朋友，或者他们的朋友，要么就是你工作单位的同事、领导等。通过长时间的了解，你对她会日久生情。

选择 D：

你是一个墨守成规的人，你的爱人是你不经意邂逅的人。所以，在上下班的路上、图书馆里，或其他场所，你都要留意一下，或许他就在你身边等待你的发觉。

〖心理瑜伽第39式〗

1.得不到的，说明不是你的

宋某曾谈过一个女友，他说这个女孩长相甜美，有沉鱼落雁之容，媚而不俗，他很喜欢。可是后来由于种种原因分手了，宋某一直没能从失去女友的痛苦中走出来，声称将来再也遇不到像她那样的女子了。

其实，得不到的，未必是最好的；只有适合你的，才是最好的。

举一个例子：你在逛街时发现一件物品甚是喜欢，于是就把它买下来了。可是，回到家中你发现，买来的这件东西毫无实用价值，无奈之下，你只好将其作为永久的摆设。

很多男人在追求女孩子时，起初觉得她全身都是优点，没有一点瑕疵，于是很专一，很钟情。可是后来你渐渐发现了她的很多不足，觉得她远没有你想象中的那么完美，于是开始埋怨自己一时冲动，或者搞不明白自己当初为什么那么痴迷于她？

人的心里欲望告诉我们，得不到的，就无法解开它神秘的面纱，无法看清这朦胧之美的本质；而得到的，你就会渐渐产生一种厌旧的感觉。其实，并非得不到的都是最好的，那不过是人的欲望导致的误判。

2.适合自己的，才是最好的

小杨本想应聘教师，可是毕业之后未能如愿，朋友们也为他可惜，因为在朋友们看来，他一直都很适合任教，但是小杨还是无奈地选择了另外一条路。

小杨也曾后悔过，不论职业规划方面，还是有关终身大事，自己总会跟机遇擦肩而过。可是思考过后他认为，如果再给他一次机会，或许，他还会这样选择。对于现状，虽说会有很多不如意，但更多的还是开心和成长，认识了很多来自社会各界的朋友，从中得到很多见识，学到很多东西。

很多朋友为他物色佳人，时常为他推荐某个条件不错的美眉，问他要不要考虑。可是小杨一直没能进入状态，他似乎还不想恋爱。他的亲人朋友表示不解，对于一个事业有成的英俊男人来说，身边没有贴心的女友照顾，是多么的可惜。但是小杨心里明白，他不后悔错过许多缘分，因为他已经渐渐知道，有得必有舍，事事不可强求，一切顺其自然最好。

人们都说得不到的才是最好的，可是得不到的不属于你，唯有现在拥有的是属于你的，那才是最好的。那么对于已经失去了的呢？那依旧不是最好的。人们之所以会痛心，是因为对已经失去了的念念不忘。假使人们一直都会沉浸在失去以后的痛苦中，将这份遗憾留在心里，那么他的生活就会不可避免地受到一些负面影响，这个人一辈子都不快乐。

或许在你的身边，就存在这么一个时时刻刻都在惦记你的人，那就是爱你的人，她才是最值得你珍惜的。如果你珍惜她，一定不要让她伤心，更不要让她为你流泪。

第 40 堂：放下情执，才能得到自在

一天，坦山和尚和他的徒弟在渡河的时候，遇见了一位美貌的年轻姑娘。姑娘好像有急事，行色匆匆，可是到了河边却无从下脚。这里刚下过一场大雨，小河虽然水流不快，但是却泥泞不堪。

见女施主如此为难，坦山和尚便主动要求背她过河。身后的徒弟心生疑惑，师傅平日里教导他们，出家之人不能接近女色。可是今天师傅却自己犯了戒，这是为何？

徒弟本想当场问师傅，可是话到嘴边又咽了回去，生怕被师傅责骂，只得忍受思想上的折磨，跟着师傅前行。

几天之后，徒弟依然想不通，还惦记着当天师傅背女施主过河的事。

一天，他终于憋不住了，于是就问坦山和尚："师傅说，出家人不能亲近女色，但是为何前些日子你背着那位漂亮的女施主过河呢？"

坦山和尚听了很吃惊，他说："我背她过了河之后，就把她放下了。没想到你直到今天都没有放下她。"

其实，坦山和尚是出于善心才帮助那位姑娘渡河的，过河之后便把姑娘放下了，然后很快忘记了此事，而徒弟却自寻烦恼，始终惦记着，念念不忘。所以，人之所以会有很多烦恼，都是因为情执的缘故，放下情执，方可得到自在。

执著，有时候会给人带来苦恼。佛学上说，情多的人堕落，想多的人超升。多少人因为一念情执而戕害自己，甚至有的还酿成了悲剧。一个“情”字让人情何以堪，然而这些都是可以得到开解的，可以借助他人的开导，但最重要的还是在于自己的顿悟。

有个女人，丈夫过世之后悲痛欲绝，不得不去找老法师寻求慰藉。

老法师对这个可怜的女人说：“我很难过你失去了一个好丈夫，但是死亡是每个生命的必经之路，这是自然规律，你不要太过伤心。不如读读佛家经典，修身养性，那么快乐就会在你的痛苦中慢慢浮现，直到将痛苦覆盖。”

可是这位妇人依旧不停地哭泣，并扯着自己的头发。老法师接着说：“施主听我说，假如你总是沉浸于丈夫死亡的悲痛中，非但不会让他活过来，还会损害了你自身的健康。所以，过去的事就让它过去吧。不要事事都放在心上。”

按照老法师的指导，她调整了一下自己的情绪，道了一声谢，便转身回家了。后来，她的德行大大增长，而且在精神修行上也有了很大的提高。

李商隐曾在《暮秋独游曲江》一诗中写道：“荷叶生时春恨生，荷叶枯时秋恨成。深知身在情长在，怅望江头江水声。”情执之人，总是纠结于一种情感，看不透，想不明，再也无法从中抽离出来。执于情的人，为情而生，为情所困，为情所累，为情所伤。

情，最麻烦的就是“执”，很多时候，人不需要过分执著，过分坚持。了结一段不属于自己的感情或者是已失去的寄托，不是教人放弃一颗会爱的心，断的不是情，而是妄念。放下情执，人就能重获自由和心灵的重生；放下情执，人就可以培养自己智慧的人生态度。

〖测测你对爱情的执著程度〗

你能够坦然地面对感情的风风雨雨、大起大落吗？还是一个非常看重感情的情执？你是否了解自己的爱情观？下面就来做一个测试：

很多人都知道，挨饿的滋味很不好受。一天，你加班加到深夜，肚子饿得难受，于是便开始翻箱倒柜找食物。最后，你在一个抽屉里找到一包方便面，可是仔细一看过期了。饥饿的肚子正在跟你抗议，而眼前却是一包过了期的方便面，你会怎么办？

A. 应该问题不大，填饱肚子要紧。

B. 过期的食物不能吃，下楼买一包面。

C. 什么也不吃了。

D. 将就着吃别的。

答案解析：

选择 A：

你是一个痴情种，对爱的执著程度高到使你看不见感情中的裂痕，不论对方是否还钟情于你，你依然会全力以赴地去爱对方。像你这种对爱情如此执迷不悟的人，还真是不多见，所以，嫁给你的人一定会很幸福。可是事情往往没有人想的那样如意，很多人对于“痴情种”不屑一顾，总能让你尝到付诸东流的苦头。所以，你需要放下情执，对自己好一点，不要太傻了。

选择 B：

你的执著是针对于“恋爱”这件事的，你爱的是恋爱的感觉，而不是对方的人。也就是说，只要有爱情的滋润，不论对方是谁，你都可以接受。这充分说明，你是一个耐不住寂寞的男人，只是在享受这个过程，你关心的是自己的感觉。虽然你经常面临分手的问题，但是这点挫折对于你来说不算什么。

选择 C：

你能够坦然地面对感情，你认为只要付出自己的真心，不论中间遇到多少艰苦，你都不在乎，这些反而会使你更加成熟。即便是失恋了，你也能调整好自己的心情，遇到下一段恋情，你也会善待它。

选择 D：

你心思老练、机智过人，但在生活中并不是一个非常优秀的人。因为你的过于沉着，别人很难发现你的优点。在爱情方面，你很会利用自己的条件，敞开心扉，大胆追求。你的努力追逐往往会大获全胜，既可以得到理想中的女人，又能令周围的人嫉妒。

〖心理瑜伽第 40 式〗

1. 男人切勿执迷不悟

小王与小李是大学时代的同学，毕业以后又应聘到了同一家公司。小王对小李一见钟情，四年之间，再也没有看上过其他女孩，但是小李却没有察觉。

之后小王向她表白，他的忠诚和深情最终打动了小李，于是很快地，他们就确立了恋爱关系。

起初，他们感情很好，每到周末都会出去约会，看个电影，喝喝咖啡。只是后来，因为工作上的调动，小李去了另一座城市。即便如此，二人也依然每天保持联系。

再后来，小李被另一家企业老总看上，于是就跳槽去当经理了。从那以后，她跟小王就断了来往。

小王对小李一片痴情，不想放弃这段感情，于是工作之余还在很努力地打听她的下落。

三年后，小王终于找到了小李，然而他却发现小李的右手无名指戴了一枚宝石戒指，没错，小李已经嫁作人妇，不可能再跟小王在一起了。得知这个消息之后小王痛不欲生，却依然不想放手，之后的每个星期都会给小李打电话，但小李委婉地告诉他，她的丈夫很疼爱她，她也很喜欢丈夫，两个人生活很幸福。

小王很痛苦，自己究竟怎么样才能做到适合她呢？半年后，他依然走不出失恋的痛苦。虽然很想放下，但就是做不到，仿佛那颗心早已不属于他自己，以至于做什么事情都提不起兴趣，不仅失去了爱人，还失去了大好前程。

有些事，还没结束就算了吧；有些人，忘不掉就让她永远活在你的记忆当中，化作美好的回忆。不要将失去视为毕生的悲剧，不属于自己的，终是要离开的，相信每个男人都有属于自己的天使，只是时机未到。你只需要将注意力转移到事业上去，为将来能给自己的天使一个美好的生活做好铺垫，一切都会如愿。

2. 放手，也是一种收获

曾经的相爱，并不能代表一生的承诺。曾经是那样相爱的两个人，因为种种原因，最终成为“最熟悉的陌生人”，唯有残缺的记忆和无法愈合的伤痛才能让人感受到自己的存在。

曾经的海誓山盟和天长地久，转眼已成空。很多男人都很迷惑，越是真心地付出，全身心地投入，就越抓不住那份感情，一切总是变成自己极力挽留却再也无法挽回的遗憾，人在此时，纵有万般难受，也只有选择放手。

放手会很心痛，但是真爱才会有心痛，所以，你应该为自己拥有过一份真挚的爱情而高兴。所以，坦然地面对失去，放手吧。从容地走出阴霾，既然爱她，就祝福她，不要成为她的负担。

爱过是一种幸福，曾经的美好片段依然会留在你的大脑，挥之不去，但是不同的是，你已经不再痛苦，你觉得能拥有一段美好的回忆，是你一生的财富。

放手以后，你将会看到蔚蓝的天空，洁白的云朵，碧绿的湖水，可爱的人们。世上从没有哪一个生命是隶属于另一个生命的，每个人都是独立的，自我的，只是因为要结伴而行，要有所依靠，人们才会找一个贴心的伴侣。一切，不都是为了自己吗？那么何苦为难自己？

放开不属于自己的感情，淡忘那份已经逝去的爱。放手，就是释放了自己，获得了新生。善待自己，空洞的心才能用新的爱情填补，转念看来，一切依旧是那么的美好。

第 41 堂：幸福就在平淡之中

你有没有发现，自己总是在拼命追逐，追逐所谓的梦想，却根本没有意识去留意身边诸多美好的事物，比如路边的小花，池塘的莲花……

人生只有一次，我们没有理由将自己的生命无偿奉献给光速般的生活。忙碌之余，我们也应留意一下身边的人和事，尤其是男人，多去珍惜在身边呵护你的那个她，她才是要陪伴你一生的人。

每个人对幸福的定义都有不同的标准。对于一个乞丐来说，能吃得上一顿饱饭便是幸福；对于边防战士来说，与家人一起逛一次公园则是一种奢侈的幸福。

有个年轻男人，每天两点一线的生活让他感觉生活过于平淡，工作方面没有引以为傲的业绩；学生时代的朋友们也都成家立业，忙忙碌碌，没有多少来往；至于老婆，基本不关心他的事，工作之余也从不愿意跟他出去散心，宁可躲在书房泡一整天，简直就是一个文艺女青年。

男人觉得他的生活变得不幸福了，妻子似乎感觉不到自己的存在，当年的热情都不见了，他甚至有点担心，总感觉妻子变心了，好像对自己越来越不在乎，不关注了。

一次，一向身体强壮的男人生病了，发高烧，吃不下饭。这时，妻子总算注意到他，对他又是嘘寒又是问暖，又是端水又是送药，男人一阵窃喜，巴不得自己天天生病，妻子就会天天陪伴自己，关心自己。

恋爱时的感觉仿佛又回到了两个人的身边，那种眼神，那种温柔，让男人不觉有点儿喜极而泣，当他依恋地询问妻子，是不是只有自己生病，妻子才会在乎他，妻子温和地对他说："生活都是这样平淡，只是你不习惯罢了。"他明白了，原来，幸福就在生活的细节和平淡之中，无须过多要求和附加的东西，两个人，平平淡淡才是真。

〖测测你们的生活幸福吗〗

对于幸福的含义，不同的人有不同的体会。有人觉得如果对方能跟自己一同努力营造美好家园，就是很幸福的事；也有人认为自己的伴侣是帅哥或者美女的话就会很幸福；还有人觉得只要两个人彼此真心相爱，就是一种难能可贵的幸福。

请认真做以下这道题，测测你目前是否幸福。

题目：如果有一天你误闯了一家黑店，老板令服务员端出五种饮料，叫你选择其中一杯，并告诉你仅有一杯饮料里没有投毒，那么你的直觉告诉你，应该是哪一杯？

A. 热珍珠奶茶

B. 鲜牛奶

C. 白开水

D. 老人乌龙茶

E. 美式热咖啡

答案解析：

选择 A 的朋友

你目前的幸福指数99%，你和你的另一半在一起时，即便是不说话，只要一个眼神，彼此就能理解，这说明你们的默契已经达到不需要言语沟通就能互相明白了。

选择B的朋友

你目前的幸福指数55%，你个性单纯，只要喜欢上对方就会觉得自己很幸福。

选择C的朋友

你目前的幸福指数20%，属于想喝忘情水忘记一切的类型。这种类型的人非常独立，也很有头脑，你很清楚自己要的是什么。

选择D的朋友

你目前的幸福指数80%，在你看来，幸福就是跟自己最爱的人在一起，而且你目前的心境已经非常成熟，不管是工作还是生活，都能平静地享受。

选择E的朋友

你目前的幸福指数40%，你非常的自我，却依然能得到心仪对象的爱，虽然你们常常拌嘴，但是在你们彼此的心底，对方的分量还是很重的。

〖心理瑜伽第41式〗

1. 平平淡淡才是真

每个人都想拥有一份属于自己的小幸福，在情窦初开的年纪就开始了对幸福的憧憬。但在成长的过程中，由于人们慢慢开始用更加现实的眼光看待生活，所以会发现，生活并非都是轰轰烈烈的。

听惯了城市的喧嚣，很多人更喜欢追求一种平淡的生活，当他们的生活因为前期的积累，可以达到衣食无忧的层次时，就会有一点淡淡的不如意。也许是因为身边的那个她还不满意这种衣食无忧的生活，除了物质享受，精神上的匮乏，也会给人带来迷茫，总觉得生活缺少了什么，却又说不上来。

网上有一句流行语：爱情就像卫生纸，没事儿少扯，因为它用得快，消失得就快，慢慢用，才可以长久。虽然这句话听着有些糙，然而却很现实。生活中有很多曾经轰轰烈烈谈恋爱的情人在平静之后选择了分手，而很多看似缺乏激情，被称为“慢热型”的情侣，往往可以手牵着手，细数幸福间的点点滴滴。

相比而言，细水长流的爱情更加幸福。过程中激情四射，回味时却并不真实，有些时候，人还是要务实的，结果更重要。

当然，也有很多人自认为曾经的爱情轰轰烈烈，之后两个人也走到了一起，直到今天也依然很幸福。那么现在，你们还能确保你们的感情还和起初时一样热烈吗？倘若不是，那么在你回忆起往事的时候，是否也会觉得有些遗憾呢？假如正在这时，有个人捧着自己的热心来乘虚而入，你是否会选择跟他一起轰轰烈烈呢？仔细想来，热烈之后的寂寞仿佛更让人难以忍受。

那么，平平淡淡的爱情究竟是什么样的呢？其实很简单，平淡的爱情就是你在她的身边，她很幸福，你要出门，她也不会吵着闹着要陪你同去，或者问你去什么地方，跟谁一起；平淡的爱情就是两个人都给彼此一定的私人空间，尊重彼此的独立性；平淡的爱情就是将爱放在心里，付诸行动，而不必要时常挂在嘴边；平淡的爱情，就是静静地注视着对方的眼睛……

一份感情，不一定得刻骨铭心。能够拥有一个平凡的人生，平淡的生活，两个人静静地靠在一起，相依相伴，就像品一杯香气扑鼻的茶水，沁人心扉，这就是最大的幸福。

2. 知足便是福

魏老师家隔壁住着一对夫妻，夫妻俩都是学校的临时工，一家人挤在15平方米的房间里，家具、家电以及其他生活用品杂乱无章地堆积在家里。

在魏老师看来，这样一个家，一定过得不幸福，但是令她惊奇的是，在与那对夫妇交流时，会经常看到他们两个脸上洋溢着一种幸福的笑容。

每天，妻子都会早起，洗漱完毕，就开始了一天的劳作。周末时，妻子在水房不是洗衣服就是洗菜，而且每次都能听到她边干活边唱歌，很惬意的样子。

下午，丈夫下班回家，妻子已经将饭菜做好了，她和丈夫一起边吃边看电视，很满足的感觉。赶上某一天太阳不错，夫妻俩还会把被子抱到楼下去晒。傍晚时分，偶尔还能看到夫妻二人一起散步。这种依依相伴的温馨真令人羡慕。

相比而言，那些生活条件优越的夫妻又如何呢？男人忙于事业，早出晚归，妻子多半时间都是一个人在家无聊，寂寞难耐。生活中这样的夫妻多半都会有不同程度的吵架，男人如果夜不归宿，女人就会疯了一般地去寻找，之后厉声盘问老公是否有外遇。这样的婚姻，即使有条件制造浪漫氛围，也未必是美满的。

有人活着，却不知道是为什么而活，自己想要什么。于是便开始羡慕别人，盲目地追求一些不适合自己的东西。而幸福，往往就在人们盲目找寻的时候悄悄溜走了。

其实，想要得到幸福很简单，只要将心态端正，学会把握，懂得知足，用感恩的态度面对生活中的点点滴滴，这样，你就能得到幸福舒适的生活。生活就像一杯水，需要你自己慢慢品味，细细咀嚼。做一个生活中的有心人，你会发现，最幸福的生活，原来就是在平淡中活出精彩。

第 42 堂：给她最好的生活

小晴和凯是一对情侣，大学四年时光，他们一直形影不离，互相关切，四年如一日的感情让同学们赞叹。在大家眼里，他们就是一种典范。

毕业第二年，小晴和凯结婚了，组建了一个属于他们的小家庭。他们的新家看上去很温馨，虽然地方不算大，但是给人以舒适敞亮的感觉。

之后的两年，小两口的感情依然跟初识时一样，激情未退。每天早上凯都会给妻子一个早安吻；下班回家后，也总能吃到妻子做的平日里他最爱吃的饭菜，每逢周末，夫妻二人都会牵着手去逛街购物；节假日，他们还会叫上学生时代的几个要好的朋友出去野营……

然而婚后第三年，小晴发觉丈夫对自己似乎没有以前那么热情了，每当睁开惺忪的睡眼，都不见凯在身旁，晚上直到自己睡下了，他才回到家，甚至有时夜不归宿。没有早安吻，没有人回来跟小晴一同用餐，周末她也多半只待在家里，洗漱间台子上的两只牙缸不知何时少了一只，牙刷也不见了，唯有那支粉红色的牙刷，孤独地待在原处……

这种状态持续了五个月，小晴再也无法忍受了，她一定要问清楚，凯究竟为什么变了。可是每当她问这个问题时，凯都会回避。渐渐地，小晴觉得他对自己越来越冷淡，甚至很少回家了。小晴的心碎了，她独自一人来到了海边，那是夫妻二人经常光顾的地方，现如今来这里，却只有她自己。一阵思想斗争过后，她决定离婚。

那天，凯居然没有早早出门，还做好了早点等小晴一起吃。饭后，她将离婚协议书递给了凯，凯愣住了，小晴借此机会向凯道出了这些日子以来积攒的苦水。待她一通发泄之后，凯拉着她的手走进书房，里面堆满了书和各种文件，凯说，这就是这些日子以来自己每天做的事，为了能让这个家更温馨，让妻子更幸福，他起早贪黑，在领导面前任劳任怨，如今他已经晋升为副经理了，妻子却要离婚。

其实，这些日子以来，凯每天早上临走前都会在小晴的脸上亲一下，小声说一句："老婆，我走了。"洗漱间的其中一只浅蓝色的牙缸被他带去了公司，工作到很晚的时候，就干脆睡在公司里，一早醒来接着努力。至于家中的那只牙缸和牙刷，凯在家时每天都会用它，那是小晴的，其实他们两个人几乎每天都会有这种的唇齿之间间接的接触，并非像小晴所怀疑的，丈夫不爱自己了，跟自己分居。

凯将小晴这些日子以来所有的猜疑都一一解开了，小晴望着他黯淡的眼睛，落泪了……

原来，丈夫一直都是爱自己的。正因如此，他才会拼命忙事业，争取出头之日。

除了父母以外，男人就是女人最坚实的精神支柱，再强大的女人，也会希望有一个男人能给她依靠。或许，这个女人并不乖巧，并不听话，还带着一丝调皮或者不可理喻，但是作为她的男人，你都得用宽大的胸怀将她容纳。不论走到哪里，你都会牵着她的手，善解人意，温柔细心；雨天你会跟她同撑一把伞，将大半个伞给她遮风避雨，自己的衣服却湿了一半；你从来不乱花钱，但是愿意为她花钱；你不会因为玩游戏或者做其他事而冷落了她；你从不拿别的女孩与她比较；吵架时，你也能保持男人的风度和沉稳包容她，哄她，给她解释……

不要抱怨男人有多累，何为男人？男人应当顶天立地，应该坚强不屈，男人是有义务疼爱和保护自己的女人的，因为，她将自己此生最珍贵的东西都给了你，还赐予了你一个可爱的孩子。所以，为了报答那个为了你可以付出自己一切的女人，给她最好的生活。

〖测测你是不是值得托付的人〗

假如你已经成家了，你最不能忍受老婆将来变成什么样子？

A．长舌妇

B．黄脸婆

C．悍妻

答案解析：

选择A：

你是一个不值得女人托付终身的人，因为你的欲望始终占了上风，面对女人，你基本都无法保持理性的头脑与之相处，这让女人感到很没有安全感，就更不用说托付终身了。

选择B：

因为你的言行举止还不够稳重，不够成熟，会给人一种孩子气的感觉，不敢轻易将终身大事托付与你。

这一类型的人，即便是从外表上看很成熟很稳重，内心的幼稚还是会让人觉得不够靠谱。你对爱情的理解还很不成熟，且充满幻想。你会觉得两个人一起烛光晚餐，去海边散步，或者泡甜蜜的电话粥会很棒。一旦步入婚姻的围城，你就会开始犯愁，家务事，财务问题，怎样孝敬父母长辈，等等，来自各方面的压力与琐碎的问题接踵而至，你会觉得现实生活与理想中的相差太远了，甚至不想承受这样的现实。所以，你只能在恋爱阶段给另一半甜蜜的感受，却不能在婚后给她安全感。

选择C：

你是一个值得托付终身的人，为人处世方面，你显得成熟稳重，而且你还非常有责任感，能给女人安全感和依靠。论相貌和个性，你都是一个令女人踏实的男人。

〖心理瑜伽第42式〗

1. 她是你的肋骨

But for Adam no suitable helper was found. So the Lord God caused the man to fall into a deep sleep; and while he was sleeping, he took one of the man's ribs and closed up the place with fresh. Then the Lord God made a woman from the rib he had taken out of the man, and he brought her to the man. The man said,

“This is now bone of my bones, and flesh of my flesh; she shall be called ‘woman’for she was taken out of man”.

以上是出自圣经关于“女人是男人身上的肋骨”的英文原文。翻译过来的意思是：上帝在亚当熟睡之时，从他身上抽出一根肋骨，创造了夏娃，实现了人类的繁衍。也就是说，每一个女人都是男人身上的一根肋骨，男人只要寻到属于自己的那根肋骨，才能变得完整；而女人只有找到属于自己的男人，才会得到幸福。

恋爱中的男女是幸福而快乐的，婚姻中的男女则是成熟而又安定的。如果有一天，你找到了属于自己的那根肋骨，那就用心善待她吧。

2. 老婆过得好，老公实力高

“你整天就知道高谈阔论自己的理想境界，在别人面前穷显摆你读的那几本破书，知道的那点儿破事儿，说你几句你还不乐意了，所有的脾气和本事都搬到家里给我用上了。你见谁家的老婆整日里任劳任怨给你洗衣做饭生孩子，连自己喜欢吃的东西都不能买，更不用说化妆品，衣服都舍不得买。家里穷得只能算计着过日子，挣这么几个钱，你看看你多有出息！”

相信很多男人在听到媳妇儿这样说自己的时候，心情一定很烦躁，但又无言以对。

阿梅曾说，女人一生最大的梦想就是有一个自己的家庭，有一个属于自己的婚礼。一个值得女人信赖的，值得托付一生的男人，会懂得尊重自己的女人，对她的爱比要求多，关爱体贴她，尊重她作出的人生选择，鼓励她发展自己的专长。

与此同时，为了给自己至亲的人创造更好的生活条件，有责任感的男人都会竭尽全力在外打拼，遇到挫败不对老婆发泄情绪，发了薪水不忘亲手为她挑选一件精致的礼物。如果有人夸一个男人的老婆精神十足，妩媚动人，时尚新潮，也是对一个男人能力的赞美，所以说，老婆过得好不好，要看男人强不强。

第43堂：关公放了曹丞相，丈夫要有容人量

在《三国演义》的赤壁鏖战当中有一回是这样描述的，为了防止士兵晕船而影响作战，曹操听从庞统的建议，命手下将战船用铁链接在一起，以减轻船体的晃动。结果，他却钻进了一个圈套，一旦吴军放火，他们将无路可逃。

然而，曹操并非没有考虑到这一点，因为冬季大都不会刮东风，可是令所有人都没想到的是，诸葛亮设了祭坛，果真借来了东风，为周瑜指挥作战创造了极好的条件。最终，东吴将曹军烧了个惨败。

逃跑的路途中，曹操三度放声大笑，本以为自己能顺利脱逃，却由于慌不择路走入了华容道，这时，曹操突然听见一声炮响，前方五百刀校手于两边摆开，为首大将正是关云长。他手提青龙偃月刀，骑着赤兔马，截住了曹操的去路。此时，曹军只有三百余人，多数丢盔弃甲，破败不堪。曹操见这阵势，心灰意冷，长叹一声，翻身落马：“既到此处，只得决一死战！”

双方对战二十余回合之后，曹操体力明显不支，危急时刻，关羽居然做出了一个惊人的决定：放曹操离开。实际上，当时诸葛亮将关羽安排在华容道等候曹兵是有原因的，他知道关羽是世间少有的忠义之士，一定会顾虑过去被曹操收留的恩惠，觉得自己欠了一个很大的人情，所以，作此安排，让关羽偿还这个人情，也只有这样，关羽才会在以后的作战中毫无顾忌。

其实，对于一个男人来说，智勇双全不是最重要的，能拥有一个宽大的胸襟才更关键。海纳百川，有容乃大，一个能包容他人的男人，不仅能得到很多朋友的支持和信任，还能得到劲敌的敬重。

社会就像一个庞大的战场，每个参战者的目标都是终有一天能出人头地。然而由于人们的心态不同，立场不同，努力的方式不同，导致了每个人得到的收获各不相同。有些人野心勃勃，跟周围的竞争对手明争暗斗，勾心斗角，使

出了浑身解数。但这样一种立场，即便是得到了成功，那也只是暂时的，毕竟，唯利是图，不顺应自然规律的行为，终会得到惩罚。

而另一部分人则选择了泰然处事，对自己要求高一点，对别人要求低一点，再低一点。原谅伤害过自己的人，并且接受教训，从今往后小心行事，提高自身的警惕来求得自保。踏踏实实做事，勤勤恳恳做人，用实力摆平一切争斗，最终成就一番事业。

〖测测你的度量有多大〗

1．如果你的下级或者晚辈见了你没有主动跟你打招呼，你会觉得：

A．很气愤

B．心里不太舒服

C．无所谓

2．当你的下级或者晚辈越过你的身份直呼你的姓名时，你会：

A．很不高兴，觉得他们没规矩，不尊重自己

B．心里有点失落

C．称呼而已，无所谓

3．如果有人当着众人的面儿向你提出公正而刻薄的意见时，你会：

A．无视我的尊严，秋后算账

B．表面上表示接受，私底下该怎样还怎样

C．谦虚地接受

4．在你跟别人打招呼，别人却冷落你的时候，你会：

A．觉得很没面子，以后再也不跟那个人打招呼了

B．自己有可能得罪了人，需要反省

C．无所谓，不放在心上

5．有人主动向你打招呼，你却没有注意到，导致了他人误以为自己被冷落，之后你发觉到了，你觉得：

A．很内疚，很抱歉，还会一直想着这件事

B．找个机会弥补对方

C．没关系，对方不会计较的

6. 如果你的长者、领导或者同事对于你表示的尊敬不屑一顾时，你会：

A. 感到自卑

B. 心里不踏实，觉得他们没礼貌

C. 照常行事

7. 如果有一天你发现自己的女友在跟其他异性开心地聊天时，你会：

A. 嫉恨那个男人，更记恨女友

B. 问清那个男人跟女友的关系

C. 认为这也没有什么不正常的

8. 如果你看到你的朋友跟你讨厌的人在一起，你会：

A. 一气之下疏远这个朋友

B. 浑身不自在，想知道他们会谈论什么

C. 人之常情，不必在意

9. 如果你恰好听到别人在谈论你为人处世不周时，你会：

A. 记仇，找机会报复

B. 觉得背后议论人不是好习惯

C. 记住以后改善自我

10. 如果有人对你的工作失误进行批评教育，你会：

A. 愤怒，狡辩，并且找机会报复

B. 设法给自己挽回自尊心

C. 做错事要虚心接受他人建议

11. 平日里你对同事很好，可是同事无意间损坏了你的东西却不告诉你，你会：

A. 认为不可原谅，一定要以牙还牙

B. 将他责骂一通

C. 给他留个面子，不追究了

12. 当你的朋友背叛了你时，你会：

A. 不理他了

B. 一定要对方道歉

C. 暂且原谅

13. 对于和你同级的同事受到表彰，你怎么看？

A．找找他的缺点讽刺讽刺

B．不服输，他能的我也能

C．业绩好，理应受表彰

14．你爱的人爱上了别人，你心里怎么想？

A．我得不到的别人也休想得到

B．努力做好自己，让她后悔去吧

C．不能强求

15．面对傲视一切的人，你会：

A．很厌恶，自己一定比他强

B．有本事的人不止他一个呢

C．谦虚一点，谁都有自己的优点

16．你怎么看穿着时尚、打扮有特色的人？

A．真恶心

B．觉得伤风败俗，有些担心

C．穿出自己的个性，怎样都行

评分标准：

以上题目选A为－1分，B为0分，C为+1分。

答案解析：

总分在13分以上，说明你的度量很大，有个宽大的胸怀；

如果分数在12～7分之间，表示你有一定的度量，但也有看不下去的时候；

总分在6分以下，表示你的度量很小，基本不能容人。

〖心理瑜伽第43式〗

1. 大丈夫以德服人

俗话说，“宰相肚里能撑船。”

作为一个男人，一定要有度量，如果遇事受挫时还不如女人坚强上进，那就太丢男人的颜面。若想成就大事，就必须胸中有丘壑，怀里藏乾坤，看得清人情世故和自然规律，处理各种事情能总揽全局，你就是一个成功的男人。

纵览古今，但凡有所成就的男人，无不襟怀坦荡。

战国时期的蔺相如，为保社稷，三让廉颇，他的胸襟终使廉颇心悦诚服，从此，二人团结一致，为赵国立下汗马功劳；张良年轻时，一位长者对他一再的刁难也没能使其愤怒，之后被长者称为“孺子可教也”，并向他传授了兵法书籍，之后他助刘邦建立了汉朝；诸葛亮七擒孟获，胸怀豁达，非同一般……

法国著名作家雨果曾说：世上最宽阔的是大海，比大海宽阔的是苍穹，比苍穹更宽阔的是人的胸襟。

在现实生活中，人们都有各自不同的教育背景以及生活环境。而人的道德修养，理想抱负，也因为身处不同的阶层和圈子，有着不同的命运，各自的目标也有所不同。

影响度量的条件因素有很多，但是，男人若不能容人，无法以德服人，那么，他就争取不到广泛的人脉，没有人格魅力的男人，难成大器。

2. 消灭敌人的最好办法，就是让他们成为你的朋友

美国前总统林肯对政治界的敌人特别宽容，导致许多官员对他的处世态度相当不解，并指出应该消灭敌人。林肯依然坚持自己的立场，他说：“我会消灭一切敌人，方法就是让他们成为我的朋友。”因为他坚信，化敌为友是消灭敌人的最佳方式。

好莱坞明星桑德拉・布洛克喜欢在夜里跟几个朋友去舞厅跳舞。一次，有个不识趣的男人见了她就说：“喂，你的演技太烂了，应该赔偿我们的电影票。”说完，便跟其他同伴哈哈大笑。可是桑德拉・布洛克却只是回头一笑，说：“好的。”紧接着就把钱掏出来给他，那个男人见她真的掏钱，立即赔礼道歉，说那只是开个玩笑。

桑德拉・布洛克和对方说笑时，很多人聚集过来，抢着要她的签名，而这位国际影星的宽容大度，令她本身的威望更高，名气更大了。

世上任何一个人都无法确保自己人见人爱，但是面对不喜欢自己的人，甚至是对自己造成过伤害的敌人，如果摒弃极端的以牙还牙，而是用仁人君子之心来包容他们，用自己的宽宏大量、为人亲切来换取他们的称赞和支持，岂不就是一举两得，一箭双雕吗？

第 44 堂：小失小得，大失大得，不失不得

一天，有位武士带着一条鱼来到禅师的房间，说："禅师，我跟你打个赌，你说我手里的这条鱼是死是活？"

禅师很明白，如果说鱼是活的，那武士一定会暗中把那条鱼拽死；可如果说是死的，武士就会松开手给他看。于是禅师就说："我说鱼是死的。"

武士笑了，马上就松开了手，说："哈哈，大师输了，你看，这鱼明明是活的。"

禅师淡然一笑，说："嗯，没错。但是我赢得了一条活生生的鱼。"

人若总是找到一个理由就死磕，固执不化，不肯放下，那么这个人的智慧也就只能达到这种程度了，很难再有突破。如果能选择最爱，舍弃次爱，那么他的境界就会大不一样了。

1931 年，爱德华在一次鸡尾酒会上跟沃利斯·辛普森相识。当时的爱德华并没有很注意这个看似没有什么不同的女人。然而三年后，一个源于地中海上的小小颠簸却让爱德华与辛普森之间燃起了爱情的火花。

那是一个夏天，一艘老式的蒸汽游艇在地中海上平稳地行驶着，爱德华亲王正在举行一个私人聚会。正当他要举杯邀请大家共饮一杯酒时，不知游艇出了什么故障，在人们没有任何防备的情况下重重地向右侧倾斜了一下。爱德华亲王拿着酒杯向旁边的女士扑过去，尽管他马上扶住了那个女人，但还是一不小心将摇晃出来的红酒直接泼在了女士的晚礼服上，这位女士就是辛普森。

爱德华身为英国王储的绅士，出现这种失误是一种莫大的失礼。他连忙向辛普森道歉，四目对视的那一刻，爱德华注视到了辛普森的眼睛，怦然心动。之后，两人坠入爱河，由于英国政府、王室和议会始终无法认可辛普森的身家背景，不允许这样的女人成为新王后，爱德华毅然决然地带着心爱的人离开了王室，抛弃了国王的尊位。

事业和爱情，就好比鱼和熊掌，很多时候不可兼得，这就需要当事人自己斟酌。正所谓有失就有得，或许有些时候，失去其中一个，会令你得到其他意想不到的惊喜。假使一个人因为看中某样东西就将它死死抓住不肯放手，也就意味着他只能拥有这一件东西；如果他将手放开，就有机会得到更多。

大家一定听过这样一个故事，意思大概是：一个男孩因为失去了一样自己很喜爱的东西而伤心，正在这时，他的父亲握住他的手安慰说："你看，你的手里有什么？"男孩说什么也没有，他奇怪地看着父亲。然后父亲将他的手摊开，说："现在呢？"

顿时，男孩就懂了，当我们握紧拳头的时候，里面什么也没有，如果打开手掌，我们就拥有了整个世界。

有些人舍不得权贵，却丢失了自由；有的人舍不得美食，于是失去了美好的身材；然而也有些人因为放弃了虚名，获得了爱情；有的人放弃了享乐，得到了赞美与成就。

很多时候，很多事情是无法两全其美的。假如看得开一点，相信小失小得，大失大得，不失不得，就能学会在诸多选择当中权衡利弊，舍弃相对不重要的一个，这样才有机会得到更多更好的实惠。

〖测测你最近有可能会失去什么〗

现代生活给了我们太多太大的压力，我们既要不断争取，又要维护好自己。可是，有些时候，即便是采取了措施，也无法避免损失。下面就来测测，最近你会失去什么吧。

下列5组数字中，哪一组是你最有感觉的一组？

A．358

B．146

C．174

D．316

E．433

答案解析：

A.358

东西不保指数20%。

未来的这一个月你需要小心照顾好身体，你很可能会在某天轻微腹泻，所以，尽可能避免在外面吃饭，注意卫生，基本就不会有问题了。

B.146

东西不保指数40%。

你的财运有可能遭到小人破坏，可以戴宝石的尾戒，减低小人对你财运的影响。

C.174

东西不保指数60%。

未来一个月你要小心工作上的变动，你有可能会因为公司裁员等问题被炒鱿鱼。建议你不要过分抱怨，依然要勤恳上进地工作，这样会有利于你在工作上的地位。

D.316

东西不保指数80%。

因为你的自视甚高、心浮气躁而迁怒另一半导致感情出现裂痕，这一个月你要时刻保持冷静，不要跟另一半正面冲突。

E.433

东西不保指数0%。

未来一个月你会很安全，凡事只要放轻松，一切都不是问题。

〖心理瑜伽第44式〗

1. 不计较得失，就是顺其自然，随遇而安

不知为何，庙里的草地在三伏时节还是一片枯黄。于是小和尚说："师傅，你看这草地多难看啊，还是撒点儿草籽吧。"

师傅很高兴地说："好啊，天凉以后，随时都行。"

很快就到了中秋，师傅买回来一包草籽儿让小和尚去种。可是正当小和尚播种的时候发现很多草籽儿随风飘走了，便慌张地说："师傅不好了，草籽儿被风给卷走了！"

师傅不动声色，说："没关系，被风吹走的多半是空的，即便是洒下去也活不了。随性吧。"

后来，洒完了的种子引来一群小鸟，落在地上便开始啄，吃了很多种子。急得小和尚直跺脚："糟了！师傅，草籽都让鸟给吃了！"

师傅依然不紧不慢地说："别着急，这么多种子它们吃不完的。随性吧。"

播种那天突然天降大雨，清晨，小和尚到院里一看，傻眼了，转身去请师傅："师傅，这下完蛋了，种下的草籽都让雨水给冲走了！怎么办啊？这不是白忙活了吗？"

师傅淡淡一笑，说："不必太过介意，那些种子不论冲到哪儿都会生根发芽的。随性吧。"

七八天之后，只见以前枯黄的空地上生出了一片青翠的新芽，似乎就连原本没有播种的地方也长出了绿色植被。

小和尚很惊喜，一边拍手一边对师傅说："师傅快看啊，这儿真好看！"

师傅眯眼乐了："呵呵，随喜，随喜！"

失去了的还会再回来吗？答案可能是不会。但是，有些时候，人需要豁达一点，想开一点。正所谓旧的不去，新的不来；失去了从前，我们还可以得到未来；失去机会，我们可以得到为成功之路做铺垫的经验。没有任何一个"失去"会一直伴随在一个人的生命里，失意的人，一定能得到光明，只要他弃暗投明，将一切看开。

2. 欲将取之，必先予之

一位师傅在云游途中，偶然得到了一包核桃，随即带回去跟徒弟们共享。

回去后，他首先拿出一颗来给了小徒弟。可是就在小徒弟正要敲开来吃的时候，师傅突发奇想，觉得这是个启发小徒弟的好机会，于是便拦住了他，从包里数了 17 颗核桃放在桌上，说："吃核桃之前，要做对我出的一道题目。我这里有 17 颗核桃，你要将他们分成三份，你自己的一份是 17 颗核桃的一半，你师兄的一份是三分之一，我的一份是其中的九分之一。要求是不能把核桃敲开，而且一颗也不能剩下。"

小徒弟急坏了，既然 17 不能被 2、3 和 9 整除，那么怎能按照师傅的要求去分呢？他绞尽了脑汁，却还是手足无措，无计可施。

正在这时，师傅在一边提示道："嗯，假如要是有 18 颗核桃就好分了。"

小徒弟是个机灵的孩子，一听这话，顿悟了师傅的点化。于是赶紧把手里那颗核桃拿出来，18 颗核桃就凑齐了，这道难题也就这样解开了。更令小徒弟高兴的是，最后，他先得到的那颗核桃依然分到了自己的一份当中。该是他的，还是他的。

解这道题的关键所在就是要有所放弃，才能有所获得。为人也是一样的道理，只要能豁达一点，即便是失去了一直舍不得的东西，不久的将来也会得到更多的惊喜。但是，如果什么都舍不得，放不下，那么毫无疑问，他就没有得到其他收获的机会。

“欲将取之，必先予之”。不论是企业的生产经营，还是个人的职业发展，如果没有付出，没有一定的舍弃，也就不会有收获。而这种舍弃并意味着你会失去，相反的，你还可能会获得更多的企业利润和人脉关系等。

第 45 堂：左肩担责任，右肩担青天

“不论你们兄弟两个有多沉，我都要凭借肩头这根扁担将你们挑出大山！”

父亲在说这番话时，我上初中二年级，弟弟只有六年级。一天，我跟父亲说不想读书了，想回家种地；弟弟也说不要念书了，要跟哥哥抬犁耙。父亲很生气，说：“你们才多大年纪？居然放着学不念，回来跟我争着要去种地！你们听好了，那一亩三分地，没你们的份！”顿时，我和弟弟愣在那里，无言以对。

其实父亲明白，我和弟弟正是考虑到家境不好才作此打算的。就目前的经济水平来说，能够填饱肚子就已经相当不错了，如果我和弟弟都上学，两个人的学费相加，就是一笔不小的数目。平时，就连我每个礼拜 10 元的生活费常常都是借的。条件如此清贫，实在是不堪重负。

“你们统统给我好好读书！”就在父亲说出这句话的时候，就意味着他把一根扁担重重地砸在了自己的肩头，负担起了我们兄弟两个的重量。

父亲去离我们家二十里开外的小镇担酒，然后再担回村里卖钱，从他开始经营这份责任的那天起，我和弟弟就都心怀感动地享受着那份深沉的父爱。

后来，在一个周六的晚上，父亲要母亲给他刮痧，他的后背被刮得红一道紫一道，还掺着些许黑点。夜里，母亲给父亲擦药时，父亲直喊疼。母亲心疼父亲，提出让两个儿子抓阄，留下一个帮忙干活。可是父亲坚决不允许母亲这

么做，他说：“他们兄弟两个，一个是我的左肩，一个是我的右肩，让我把担子撂下，我做不到！”

后来，弟弟刚上高中时，我上师范。父亲卖了家中的年猪，还有牯牛，办起了小百货。但是后来听母亲说，经营的过程并不十分顺利，父亲不仅比以前更加忙碌了，除了从镇里挑货回家，还要种地、翻田，苦不堪言。但父亲从来没有过一句怨言，只是每当疲惫的时候就喝上一碗酒。

功夫不负有心人，弟弟也考上了大学，他说一直都记得老爸说我们兄弟俩一个是他的左肩，一个是他的右肩。他说他能想象得到，苍老的父亲一定正站在院子里，双手抚摸着墙上多年没有使用过的犁耙，然后，用他蒙胧的眼睛眺望着远方，思念着他的两个重担。

以上这段感人至深的故事出自一户乡村之家，父亲作为家中的顶梁柱，没有劝孩子辍学跟自己一起分担家里的责任，而是独自挑起他们兄弟两个的命运，狠命挣钱，就算累病了，受伤了，甚至做生意吃了亏，父亲都没有动摇过，信念之坚定，意志之坚强。这个来自大山的男人，虽然没有多少文化，却做到了众多所谓的文化人一生都做不到的事。

一个男人，无所谓一生能拥有多少金钱和权贵，在别人都在空谈自己的理想和志向时，总会有一部分平日里寡言少语的人踏踏实实下苦功，遇到困难也从不向别人诉苦。或许某些“聪明人”会觉得这样很傻，然而正是有无数个“愚笨的人”在别人注意不到的情况下，默默无闻地挑起担子，付出自己。

〖测测你是个能挑担子的人吗〗

生活中，每个人的肩上都扛着许多责任，有的来自家庭，有的来自工作。一味地逃避现实，躲避责任，是非常不可取的作为，也是不聪明的。只有敢于承担责任，勇于迎接每一个挑战，人才能有所成长。下面我们就来做个测试，看看你是不是个负责的人。

题目：你比较喜欢用哪种类型的包?

A. 多功能包

B. 轻巧的小包

C. 宽松的大包

答案解析：

A．多功能包

你是一个喜欢逃避责任的人，因为你讨厌压力给你带来的负重感，所以，通常情况下，你都会选择放弃责任，然后推卸给别人。你自以为将一切推给别人就万无一失了，其实这是错误的想法。俗话说："躲得了一时，躲不了一世；躲得过初一，躲不过十五。"不如勇敢一点，跟现实面对面，扛起责任，咬紧牙关，没有过不去的坎儿。一旦过去了，你就会体会到一种无比的成就感。

B．轻巧的小包

你总是有事一肩扛，在朋友眼里，你绝对是一个仗义凛然的好哥们儿。你做这些事从来就没有"作秀"的意念，你认为一切都是应该的，身为一个人，一个男人，就应当这样做。你的坦率真诚，勇敢自信，为别人负责，也为自己负责的生活态度，决定了你会拥有一个踏踏实实的人生。

C．宽松的大包

因为你想得到别人的期待和鼓励，所以才会积极上进，认真负责，你之所以愿意负责，只是顾及到别人的感受，缺少自动自发的品质。也就是说，从本质上讲，你是缺乏信心，总想逃避现实的，但是又因为碍于颜面，不想别人看轻自己，不得已而为之。虽然你也有一个属于自己的理想，但是你不会选择挑战性的尝试，你会走一条相对安全可靠的道路。

〖心理瑜伽第 45 式〗

1. 挑起责任，顶起未来

生命，拷问着我们每一个人，而我们只能以"负责"二字来答复生命。所以，责任感是人类存在最重要的本质之一。

男人到了二十几岁以后，就要开始学着勇敢，学着靠自己的肩膀去承担那份属于自己的责任。

孝顺父母，疼爱妻儿，忠于领导，照顾自己，成就事业，这些都是一个男人的责任。或许这些字眼看上去会令人不安，感觉压力很大，甚至想要退缩，但是身为一个男人，这些都是与生俱来的、义不容辞的责任。

男人，是阳刚之气的形象代言，是激进的象征。然而面对人生中的各种辛酸，男人一样有哭泣的权力，只是男人若要流泪，不要在父母妻儿面前流泪；如果你想要放弃某些东西，一定不能放弃家庭与事业上赋予的责任和使命。

作为男人，你只能选择用你的肩膀勇敢地去承担责任，否则，就没有未来，没有希望。

2. 男人永远不能说放弃

人们常说，女人可以撑起半边天，那么撑起另一半天的是谁呢？当然是男人。

女人给世界带来了生命的奇迹，男人为人间创造了繁荣的景象。生活是美好的，为了得到美好的生活，更为了给家人带来美好的未来，男人必须做到永远都不放弃自己。倘若有一天，你从某家公司沮丧地走出来，说他们放弃了你，那么，也就意味着你事先就已经放弃了你自己。

男人，只要相信自己，坚持自己，永不言弃，就没有哪个人能放弃你。相信自己的男人能够战胜一切；不相信自己的男人则没有权利要成功，因为首先自暴自弃的人，就已经将自己的一只脚跨进了失败的坟墓。

有句广告语很经典：“相信自己，力量在心中。”还有一句是：“忙碌不盲目，放松不放纵。”男人，只要能在绝对自信的基础上把控自己，并且随着阅历的增加不断地进行自我更新，你就一定能行。

第46堂：大悲无泪，大悟无言，大笑无声

范进的老丈人胡屠户向来看不起他，他暗地里下定决心要去赶考，之后便瞒着丈人，到城里乡试，考完之后就赶回了家。家里已经是饿了两三天，于是他回去就被胡屠户骂了一顿。

张榜之日，范进家里没有做早饭的米，母亲吩咐范进道：“家里有只母鸡，你快去集上卖了换点钱买米来煮粥吃，我饿得都快瞎了。”

范进听了，慌忙抱起母鸡夺门而出。出去不到一会儿就有一片锣响，三匹马闯进家门，三个人下了马，跟老妇人说：“范老爷今日高中，快请他出来！”

范进的母亲一听儿子中了，连忙叫人去找儿子。

一位邻居在集东头见范进抱着鸡，手里插了一个草标，东张西望，寻找要买鸡的人。邻居赶忙跑过去大喊一声："范相公，你还在这儿磨蹭什么？快回去吧，你中了举人了！"范进以为那是哄他的，装没听见，自顾自地低着头往前走。

邻居见他不信，把母鸡一把夺了过来。报录人见了范进，说："好了，新贵人回来了。"正要跟他说话，范进走进屋里，见报帖上写道："捷报，贵府老爷范进高中广东乡试第七名亚元。京报连登黄甲。"

范进简直不敢相信自己的眼睛，看了一遍又一遍，嘴里念叨着，然后把两手拍了一下，笑了一声，说："噫！好了！我中了！"话音刚落，不慎往后一跤跌倒，而后见他牙关咬紧，不省人事了。

以上是《范进中举》里的经典段落，尽管这只不过是个虚拟的故事，却有着深刻的现实意义，当一个人，从大悲中突然升入大喜，或从大喜突然跌入大悲，都很容易精神失常，尤其是那些经不住考验的人。

事实上，作为一个男人，不论遇到喜事还是悲事，都应当以平和的心态去面对。不论大喜或大悲，情绪过于极端，都容易失态，甚至精神崩溃，给家人朋友带来困扰。只有"不以物喜，不以己悲"，才能成就完美的人生，获得事业的成功。

〖测试你怎么应对突发事件〗

你的老师和母亲都不会游泳，一天，她们同时掉进河中央，你只能救一个，你会怎么办？

A．现场教她们游泳技巧

B．告诉自己要冷静，这一定是做梦，然后走开

C．老师就是我的母亲，救上来就行了

D．扔一盒润喉糖给她们，然后三人一起高呼救命

E．河水并不深，没关系

答案解析：

选择A：

你是一个非常理性的人，遇事沉稳，头脑清晰，在突发事件面前能在第一时间做出正确的判断，想出解决的方法。

选择 B：

你的行为就像鸵鸟，遇到险情就把头埋起来，眼不见为净。当你遇到棘手的事情时，如果总是采取逃避的态度，或者依赖别人给予帮助，否则你就无法独立生存。毕竟，人还是要靠自己的，没有谁能时时刻刻跟随你。

选择 C：

你有一个灵活的头脑，充满了各种稀奇古怪的想法。你所接受的教育跟别人多有不同，因此看问题总有自己独特的见解，而且总是自以为是，觉得自己的想法是最棒的。所以，不怕遇到突发事件，因为你总能想出别人想不到的办法。

选择 D：

你是一个慢性子，遇到突发事件往往不能及时解决，甚至有时候还会越弄越糟。但是不要担心，你会从磨炼中获得提高。

选择 E：

你是一个很乐观的人，任何事情都习惯性地往好的方面想，遇到不好的事也会采取大事化小的态度。头脑简单的你，有时很容易被人欺骗。

〖心理瑜伽第 46 式〗

1. 顿悟让生活变得更美

慧能禅师在成为大师之前，曾经历过一番挫折。最初，弘忍大师收留了他，却从来没让他学佛，只是每日里让他做些粗活，比如：挑水、舂米、担粪。

几年之后，慧能在庙里的地位还是最低下的。

一天，他挑水经过大殿后墙，见很多人围在一起，议论纷纷。他不懂文化，看不懂墙上写的是什么，只好求一位好心的胖师兄给他讲解。

胖师兄告诉他，师傅为了传衣钵，让每个弟子写一道偈子，他要从中选一个最有慧根的。目前大家一致认为大师兄神秀的偈子写得最妙。然后胖师兄念道："身是菩提树，心是明镜台。时时勤拂拭，勿使惹尘埃。"

慧能听了以后，笑了，央求着胖师兄把他的偈子也写上去。可是胖师兄根本不想写，心想这个小和尚一天到晚地干粗活，能悟出个什么来？不过，由于慧能的死缠烂打实在令师兄受不了了，才答应帮他写。

慧能念道："菩提本无树，明镜亦非台。本来无一物，何处惹尘埃？"

师兄们惊呆了，不禁连声叫好，没人能想到这个小和尚的悟性如此之高。大师兄神秀在一旁心生嫉恨，心想难不成这么一个小和尚要跟自己争抢住持的地位？

半晌，弘忍大师出来看偈子，看一个抹去一个，声称没有一个写得好的。众僧都说慧能小和尚写得好，于是弘忍大师走过去瞧了一眼，也摇摇头抹去了。唯独没有评论大弟子神秀的。

慧能觉得师傅一反常态，但是没有作声。他满腹狐疑地回到厨房，接着干活。

过了一会儿，师傅来到厨房，接过慧能手中的家伙，连捣三下，转身走了。慧能明白了，师傅这是要他在三更去他屋里。

三更时分，他来到禅房，只见师傅面色铁青，表情凝重地说："慧能啊，你悟道了，但是此地凶险，不能久留，接过袈裟之后，你一定要离开这里，越快越好。找个荒远的地方先待着，十年之内不得传道。"

慧能接过袈裟，连夜赶往了南方，途中险些被大师兄所害。

之后，他在南方隐姓埋名生活了十六年。某天，他在广州看见一个和尚升坛讲说佛法。这时，忽来一阵风，坛四周的经幡齐摆动，有两个人争论起来了，一个说是风在动，一个说是幡在动。慧能禅师站在一边，说："非曰风动，非曰幡动，是心在动。"虽然声音不大，却很有穿透力，众人都听得一清二楚，坛上的和尚更是吓了一跳，一边思考一边走近慧能。

他试探着问慧能是不是传说销声匿迹很多年的禅宗第六代宗师慧能，慧能点头示意。于是，那个和尚为慧能禅师剃度，后拜他为师。

从那以后，慧能就在这个叫曹溪的地方开始了传道、讲佛。

一个刚刚出生的孩子的心灵是单纯而圣洁的，随着他的成长，积累了许多经验，汲取了丰富的知识，同时，也因为遇到的种种问题而渐渐懂得了人生。我们每个人的身心，本来都是没有尘埃和瑕疵的，然而现实却使我们染上了世俗之尘，让我们不情愿地接受复杂的思想和观念，变得身心俱疲。

当今一直提倡“返璞归真”，如果我们的内心能够回归宁静，回归自然，就能够得到轻松愉快的生活。

2. 心态平和方能成就大器

高某一直有个梦想，那就是手里有用不完的银子，有享不尽的荣华富贵，并且能够住洋房，开豪车，吃最贵的饭菜，穿最时尚的名牌衣服，当然，身边要是有个美人相伴，那就更好了。

在很多人看来，这些梦想就连听上去都十分的荒谬，但是不排除真的有很多人过上了这样的理想生活。因此，高某决心要碰碰运气。他开始染上了彩票的瘾，每到一期开奖的时候，他都会全神贯注地听号，看看自己有没有中奖。只是遗憾的是，他半年以来都没有猜对过一次，不仅花光了家里所有的积蓄，老婆也跟他离了婚。

本来高某想放弃，但出于侥幸心理，他对自己说：“要不再试一次，这次不行就再也不买了。”于是，他就又买了一张彩票。

兑奖的时刻来临了，高某却没有太兴奋，本以为这次多半也是没有希望的，但是号码公布之后，他发现自己居然中了价值500万的头号大奖。他简直不相信这是真的，于是在大腿上掐了一下，感觉好疼。

他拿起电话对他的父母说了这个令人难以置信的消息，然后又跑到大街上，见了别人也不管认识不认识，就抓着人家的衣袖大呼小叫：“你知道吗？我中奖啦！哈哈哈哈哈哈……我中的是头号大奖，500万呐！我发了，我发了！哈哈哈哈哈……”

不一会儿，街上就围满了人，他们对着高某指指点点，都说他疯了。随后，110民警来维持秩序，高某觉得周围的人们都是坏人，很害怕，见了民警便大声叫道：“嘿嘿？警察叔叔！快，快来救我，他们，他们都是坏人！”谁知他在发疯的时候无意间将彩票弄丢，500万打了水漂。

民警无奈，只好打探他的家庭住址，将他送回了家，并且叫家人给他看看心理医生。从此，他不再触碰彩票。

事实证明，几乎所有精神性疾病的产生，都与心态有着很大关系，一个心态不够平和的人，无论遭遇太好或太坏的事情，总会引起心底的巨澜狂潮，进而引发神经质的大喜大悲，并最终精神崩溃，毁灭自己。因此，只有心态平和，坦然面对生活中的一切，才能获得幸福美好的生活，最终成就大器。

第 47 堂：随缘不变，不变随缘

很多人都知道，凡事都不可强求，一切随缘。如果有缘，时间、空间，一切都不是问题，倘若无缘，即便是强行挽留，也无法如愿。所以，凡事不必太在意，更不必强求。世间万物皆幻象，一切都随缘而生，随缘灭而灭。

面对现实生活中的很多问题，每个人都会有这样那样的压力和心病。即便是阅历丰富的“江湖老油条”，对于自身遇到的很多烦闷和抑郁，也无法做到立即释怀，甚至还需要很长的一段时间来给自己养“伤”。

很多事业型男人都会有这样的感悟：“顺其自然”这四个平凡的字，蕴含着深刻的意义。人们经常遇到同样一种情况，某人某天遇到了麻烦，或者闯祸，或者失恋，身边的人在听完你的讲述之后，总会说这么一句：“顺其自然吧，把一切交给时间处理，安心去做你该做的事，一切都会好起来的。”

虽然这句话怎么听都像是在敷衍，好像没有别的可说了，才有可能撂下这样一句话。但是，如果细细一想，除了这四个字，还真的再也没有最好的方式来解开心理的疙瘩了。

很多人都为感情上的事苦恼过，甚至有的因为失恋企图结束自己的生命。其实，这就是一种强求，强求对方接纳自己，也强求自己接受一段不可能的感情。

正在恋爱中的人们，对感情的期望总会要求过高，即便是思考过后真的找不出对方有什么不好之处，心里也还是不踏实。遇事斤斤计较，可能这件事原本没有什么了不起的。闲来无聊也没有进行过很好的沟通，两个人都各自猜疑着彼此的心事。

结了婚的人也会有强求，一旦有一方发现另一方对自己的态度有所转变，就立即像是吃了火药一般地进行追问，如果对方不作解释，便用激烈的言辞向对方进行狂轰滥炸，直到对方承认自己的猜测为止。

还有失恋的人，既然已经默许了结束，就无需再去追逐，因为有些人，一旦失去了，就永远地失去了。如果明知对方不认可你，却硬要跟人家在一起，一再地强调你对她的好，质问她为何如此无情，那么，她非但不会体谅你的心情，还有可能变本加厉地对待你，想方设法让你更伤心，直到你从她眼前完全消失。

〖测测你和异性之间的缘分〗

此时，你正站在大草原上远眺一潭在晴空下波光粼粼的湖水，真的很美，很吸引人。可是你总觉得有些美中不足，那么，这幅画面究竟缺了什么呢?

A. 大自然的事物，比如小动物，小树木之类的

B. 精致的小建筑

C. 几个人

D. 汽车、或者一个篮球

E. 小城堡

F. 童话里出现的仙子

G. 小桌椅

答案解析：

A. 选择大自然事物的你，表示会跟心仪的人在户外或大自然的环境中相遇。非常惬意的相遇。

B. 选择精致的小建筑，表示你的她可能会出现在大型的会议场合。也许，你会在一个喝下午茶的时候跟她不期而遇，一段浪漫甜蜜的恋爱正向你招手呢。

C. 选择跟他人一起，说明你喜欢的人或许就在离你最近的工作单位或学校里。或者，她就是你的同学、同事或者好朋友。所以，你需要好好把握机会。

D. 你将会在一个比较活跃和刺激的气氛下与她相遇。可能是在旅途中的飞机或船上；也可能是在公交车上；还有可能会在运动场或游乐园。你只需主动一点，她便不会拒绝。

E. 你会在浪漫氛围中与她相见，譬如在你前往旅游的城市中，或者在驻足的饭店里。如果你发现了她的身影，一定不要犹豫。

F. 这个选项里都属于虚幻世界的事物，所以，你和她有可能会在一个能给

人带来惊险刺激或者热闹的场合相遇，像是酒吧、游乐场，甚至是墓园这类出人意料的地方。

G．你觉得草原上该有张桌子或椅子，不妨多留意自己身边的环境，比如公司或学校，你的伴侣有可能会出现在这些地方。

〖心理瑜伽第47式〗

1. 一切随缘，不强求

人之所以会强求，主要是由于将很多不必要的事情看得太重。一旦看得太重就会给自己施加很多压力，最终导致自己的心理扭曲变形，如此这般，又怎能超越梦想，飞翔成功呢？或许你原本是个很有爱心的人，你不想变得自私自利，但是你的过分强留却反映了你极度的自私；或许你原本是一个热爱生活的人，可能就因为一点挫败感，就能使你对生活失去信心。这，就是一种心魔，人们自己为自己制造出来的心魔。

一天，小邓在小林的QQ空间留言："哥们儿，最近怎么样了啊？跟你说说我的事儿吧。我本以为自己所学的专业足够找个体面又多金的工作，然而结果却是这样不尽如人意。好不容易进了一家企业，还被老员工告知，若不是之前有人辞职，空出一个职位，我就没有这个工作机会了。这简直就是对我能力的亵渎，我有这么差劲吗？非得等着有人跳槽我才能进来。"

"这样也罢，本想着只要静下心来好好干，就一定能成就一番事业。可是谁曾想啊，咱的努力被旁人看做是眼中钉，肉中刺，光是应对工作上的事就已经让我焦头烂额了，还要跟那些无聊的人钩心斗角，这叫一个郁闷啊。"

"我现在感觉压力很大，简直令我窒息。忙忙碌碌近半年，我的薪水却还是那么少，你说什么时候才是个头啊？我还要养老婆养父母，这叫我情何以堪？或许我就是一个没用的男人吧，世上这么多成功人士，里边却没有我的名字，是能力不足，还是命中注定？"

看了小邓的留言，小林感慨万分，他一边劝慰小邓凡事不可强求，要随遇而安，一边暗想，倘若人把功利看得太重，把一切都看得那么严重，那么不可收拾，那么这个人必定会受到精神上的压迫，直到精神崩溃；只有摆正心态，凡事顺其自然，默默地努力，才能获得命运的转折。

事实上正是如此，很多人总是因为有太多得不到的东西而痛苦，也总是在自己实在背负不动的情况下才知道反思。作为一个男人，必须要有自信，相信自己能行，然后以坦然的心态面对一切挑战。人生最朴素的道理往往是最真实的——那就是“顺其自然，一切随缘。”

2. 用感激的心，面对每个有缘人

在成长的过程中，或许你会渐渐发现，自己已经在用理解的眼光去看待眼前的人和事了。其实，为了生计，大家都是身不由己的。人性本善，但有时也会因为情非得已而做出自己都不敢相信的事，会伤害很多人，也会被伤害。这是一个可怕的圈子，每个人都在顺着一个方向转圈，每个人都成了被现实操纵的“药偶”。

中国有个字很妙——“巧”。太实在的人往往会显得比较笨拙，不够灵活，所以在职场上才会玩不转。很多时候，这种笨拙都是因为人们自我调节不好，没有将它们平衡。

阿毛在公司上班的时候，一直都是大家眼中最努力最勤奋的一员，但是后来却被领导劝退了。大家表示很不理解，阿毛自己也是一肚子委屈，但后来他慢慢明白过来。作为一位普通员工，即便是本着为了公司的发展而向领导提建议，如果方法不得当，也会被领导讨厌，甚至涉嫌越权。没有一个做领导的喜欢普通员工指挥自己做事。如果你在没有请示领导的情况下自作主张，也会被炒。

这次的教训让阿毛学到了很多，他不仅没有记恨炒掉他的老板，反而很庆幸，在自己短暂的工作期间，老板给了他人生的忠告。他深知，这些伤害过自己的人，都是恩人，因为正是他们的伤害，给予了他考验，进而变得成熟。

其实，任何一个与你有过交集的人，都是你人生中的有缘人，即便是你觉得若不是他们，你就不会失去很多机会，你也要相信，那些人给你的阻碍，证实了你不适合走那条路。这样换一种角度去看，或许，你还应当感激他们给你的提示。

一个人，最重要的并非努力，而是给自己一个较为准确的定位。该是你的，会让你遇到的；不该是你的，苦苦哀求也得不到。不如一切随缘吧，不论是喜欢的人，还是钟爱的事业，或是其他，顺其自然，不刻意强求，做好自己，就足够了。

第 48 堂：不夸己能，不扬人恶

对于一个男人来说，友善的言行，得体的举止，优雅的风度，都是走进他人心灵的通行证。彬彬有礼、谦虚谨慎的人，才能打开他人的心灵之窗。而态度生硬、毫不谦虚且总是夸夸其谈，却没有真才实学的人，只会使人倍生厌烦之情、憎恨之感。而这种人不论在工作上还是生活中，都会处处碰壁，令人望而生厌。

小石就是这样一个人，每每想到很多人都不如自己，他就不禁心中窃喜，嘴上开批。平日里看到令自己不爽的人，也会压抑不住情绪，一时性起，放言无忌，仿佛不说出来，心里就委屈似的。

正因为此，他的人缘儿一直不好。平日里如果有人需要搭一把手帮忙，正巧被他遇见了，那么那个需要帮助的人通常都是宁可放弃，也不会接受他的施舍。因为他帮助人，总会在事后多次提起，以此为借口，说别人的能力不如自己，不然不会找自己帮忙之类的话。

因为小石总是这样傲慢无礼，自吹自擂，在他们单位以及居住的小区，他早已臭名昭著，但他自己却一直都不理解，反倒把一切都归结到他人身上，认为自己是最无辜的。

事实上，在与他人相处的时候，如果处处得理不饶人，对他人进行恶言相向，且总爱揭人短的人，不仅无法得到他人的支持和信赖，更无法积累好的人际关系，等到真正需要别人帮助的时候，才会突然感觉，身边所有的人都已离自己远去了。

而一个谦虚谨慎、乐于赞美别人却从不提及自己优点的人，每当遇到困境，总会有人出手相帮，因为他们的为人，注定了他们可以“四海之内皆兄弟”，甚至将敌人的心一并收买，化敌为友。想要成为一个顶天立地的男子汉，不夸己能、不扬人恶，不能不说是作为男子汉的聪明之举。

〖测测你是不是一个爱炫耀的人〗

1. 你通常最喜欢看杂志里的哪个栏目？

A. 心理测试——转到 2

B. 汽车专栏——转到 3

C. 星座运势——转到 4

D. 时装美容——转到 5

2. 你相信星座运势吗？

A. 相信——转到 5

B. 不相信——转到 3

3. 你觉得自己的口才好吗?

A. 好——转到 4

B. 不好——转到 6

4. 你喜欢K歌吗?

A. 喜欢——转到 5

B. 不喜欢——转到 6

5. 你觉得你是当老板的料吗?

A. 是——转到 6

B. 不是——转到 7

6. 你会选择哪种颜色的纸作为墙纸?

A. 白——转到 7

B. 五颜六色的——转到 8

C. 蓝——转到 9

7. 遇到开心的事，你会第一时间跟身边的人分享吗?

A. 会——转到 9

B. 不会——转到 10

8. 你觉得自己的智商很高吗?

A. 是——转到 9

B. 不是——转到 10

9. 你觉得你是一个大家都喜欢亲近的人吗?

A. 是——B 型

B. 不是——A 型

10. 你很崇尚名牌系列吗？

A. 是——C 型

B. 不是——D 型

答案解析：

A 型

你是一个极其喜欢炫耀自己的人，相当自恋，认为自己不论从相貌还是在能力方面，都是非常突出的。因此，别人总会害怕与你比较，疏远你。你的过分自信有时还会害你得罪很多人。

B 型

你喜欢表现自己，展示自己有才华的一面。你的领导才能也令很多人称赞，只是有时做事欠考虑，太急功近利，这样往往会出现很多不如意而导致你大事没做成就先气馁了。建议你在抱着谦虚的心态与人交往的同时，多看看成功之类的励志书，锻炼一下自己的耐性和承受能力。

C 型

虽然你也很希望能有机会表现自己，但是你不太喜欢大肆炫耀自己。你很懂得隐藏弱点，发挥自己的专长，但不会抢别人的功劳，别人也不会觉得你有太大的竞争力。

D 型

你是个实在人，凡事要求自己做到最好，不会太过计较功劳。你认同“天外有天，人外有人”的道理，所以绝不会自吹自擂，而且待人谦虚真诚，会得到很多朋友。

〖心理瑜伽第 48 式〗

1. 真正有智慧的人从不自夸

自古以来，凡是有成就的典范，都是谦虚上进的人。

有这样一个故事，说唐朝有个法号叫作齐己的和尚非常喜欢作诗，写得也很好，大家称他为“诗僧”。他有个很要好的朋友叫郑谷，因为他们都酷爱写诗，所以平时会有很多共同语言，很谈得来。

一次，齐己写了一首诗，名曰《早梅》，内容是这样的：万木冻欲折，孤根独暖回。前村深雪里，昨夜一枝开，风递幽香出，禽窥素色来。明年如应律，先发望春台。

几天后，郑谷前来拜访，齐己和尚对他说："我几天前作了一首诗，你看看如何？"郑谷仔细地看了一遍，注意到了其中的这么两句："前村深雪里，昨夜数枝开。"说："写得很好，尤其是诗中描绘的意境，情致也很高。美中不足的一点是，既然你写的是早梅，那么'前村深雪里，昨夜数枝开'显然就不太合适了，因为'数枝开'还显示不出'早'的含义，不如将'数'字改为'一'，那便是'前村深雪里，昨夜一枝开'，这样岂不是更妥帖？"

齐己和尚一听，觉得很有道理，于是恭恭敬敬地对着郑谷拜了一拜，并说："改得妙，你真是我的一字之师啊。"

这就是中国古代史上有名的"一字之师"的典故。

当今有很多年轻人，恃才傲物，不可一世，认为自己很有才干，能力很强，动不动就摆出一副"舍我其谁"的架势，而且从来不肯承认比自己更强的人。

其实，真正有大智慧的人是从来不会向别人透露自己的才能的，也从不会轻易数落别人的短处，更不会轻视他人。相反的，真正的智者还会引导他人发现他们各自的优点，令其对生活充满信心。

2. 不尊重他人，就别想得到他人的尊重

刘某是企业的部门经理。因为他之前积累了一定的经验，所以，虽然他只是个"空降兵"，从别的单位调来，对该企业的业务以及具体的操作流程还不是很明确，但整个人看上去却是非常高傲，从来不乐意接受员工们的建议。

一次，刘某看到一位老员工在打扫自己的办公室，于是便说："你要是闲着没事，可以学习学习业务，别整这些婆婆妈妈的事，现在是企业的转折时期，打扫卫生，自有保洁来做。你要是想这辈子都这么没出息，只作一个业务员，那你就继续浪费时间吧。"

那位老员工是该企业的老功臣，曾经为公司拿下了许多大的订单，还被记为一等功。现如今干干内务就被新来的部门经理连连炮轰，老员工虽然心里很

受伤，但也没有多说什么。

旁边有人看不惯，上前对经理一通指责，说他不懂得尊重人，眼里除了自己是能人，别人都是废物。这样自大，令人厌恶。即便是上司，也没有理由如此嚣张，毕竟上面还有董事长。

之后经理勃然大怒，竟然提出要辞退这个为老员工据理力争的年轻人。董事长听说后，不仅没有答应他的要求，反而将年轻人做了提拔。之后，年轻人的位置慢慢地越做越高，而那位得罪人的经理，在公司里的威信越来越差，最后因为大家都不配合他的工作，导致业绩下滑，被董事长扫地出门。

男人立足于社会，最重要的一点并非自身的学识和执行力，而是要懂得为人处世，搞好跟周围同伴的关系。如若不然，任由你使性子，败坏他人人格，时间长了你最终得到的，只能是他人的不屑和奚落。

第 49 堂：万物皆为我所用，但非我所属

上天赐予人类的资源，都是可以为人类所用的。万物为我所用，其实是一种大智慧，有了这种智慧，你会发现，世界上没有废物，只有放错了地方的资源。

如果说“世间一切，为我所用”是一种大智慧，那么“非我所有”则是一种大境界。

举个例子来说，一国之君虽然可以拥有数不尽的资产，有看不完的后宫佳丽，还能治理天下臣民，但是，唯有将百姓利益挂在心头，并且为百姓造福的一国之君，才能稳坐江山，高枕无忧。因为他只有认识到国家并不是自己一个人的，而是所有人的，才能将江山坐稳，使国家安定。假如说官是鱼，百姓则是水，脱离了水的鱼，是成活不了的，治理民众的国家，却不以天下之主自居，这才是明智的帝王。

每个人都是赤条条地来到这个世界上，从无知到有知，从青涩到成熟，历经世事，得到了很多，也失去了很多。无论穷人还是富人，健全的人还是不健全的人，品质好的人还是品质不好的人，男人还是女人，都只是一切物质的临

时保管员。

这个世上没有哪一样东西是真正属于某个人的，房子、土地、财产、女人，甚至权贵，利益……这些物质或非物质的东西，都只是很多人暂时拥有的，一旦这个人从人世间离开，那么这些东西又会被谁保管呢？不得而知。

可以说，人是这个世上占有欲最强的动物，不论是物质层面上的，还是精神层面上的，人们都想占为已用。所以，人们总是习惯性地说："某某东西是我的。"就连不懂人情世故的小孩子也会说某玩具是自己的，某好吃的也是自己的。

而在成人的世界里，"我的"这两个字的概念就不是那么单纯了，因为这两个字里面不仅透着一股自私的味道，还有"明争暗斗"、"不择手段"等一些损人利已的丑恶心理。

身体、思想、工作、生活、孩子、爱情，甚至命运，或许都从来不属于任何一个人，人们只是暂时拥有这些附属品而已，就连自己本身，也一样。我们的生命是父母给予的，所以属于父母；长大后，我们有了朋友，于是，我们也是朋友的；再往后，我们走向了社会，由一个自由人演变为社会人，一切都会告诉你一个真实的道理：人，一旦背负了许多责任，就会变得身不由己。

什么是你的？什么都不是你的。所以，没有必要过分追逐和争抢，因为一切的一切，到头来都会离开你，而唯有摆正心态，拥有虚怀若谷的情操，才能真正做到万物皆为我用，也才能真正放下内心的欲望，做好分内的一切。

〖测测你是不是个大方的人〗

以下测试题目可以看出你是个"小气派"还是个"慷慨者。"

题目：你住在某家饭店里的时候，不小心弄丢了一件贵重物品，你确信东西是在饭店里遗失的，你觉得东西会掉在以下六个地方的哪一个？

A. 咖啡厅

B. 冰果室

C. 餐厅

D. 柜台

E. 浴室

F. 公用厕所

答案解析：

A. 咖啡厅：大方慷慨型

不论你挣钱多少，基本都是一个“月光族”，领到薪水之后，你总是喜欢请亲朋好友去最贵的饭店，吃西餐、日本料理，等等，还会去娱乐场所消遣，也从来不管究竟贵不贵的问题。每到月底时，钱也花得差不多了。除此之外，你还很喜欢充当老大的角色，事事都想去摆平，而在家里，却是一个很不擅长理财的人。

B. 冰果室：普通奢侈派

对于自己爱好的东西，你一向都是说买就买，毫无顾忌。如果想去海外旅行，却没有存够钱，你还会利用旅行贷款，经常使用信用卡进行购物。成家以后，你还会为家庭收支不平衡而苦恼。

C. 餐厅：超级奢侈派

你敢想象你身上的信用卡究竟能数出多少张来，你每个月的零用钱基本都会花在交际费上，并且很快就会透支。再这样下去，就要担心会不会破产了。所以，还很不会过日子的你，目前还不适合结婚生子。

D. 柜台：小气预备军

严格地说，你还并不能算是一个小气的人，只能说平时对财务的使用情况算得比较精确。如果你跟朋友们出去吃大餐，那么最后会计的工作就必定是你要担任的。另外，你还有一个很好的习惯，从年轻时就开始有计划地使用自己的钱财，而且还会攒钱，为结婚做准备。而平时购物的时候，你也大都会选择物美价廉的用品或者食物。你是一个很适合居家过日子的人。

E. 浴室：普通小气者

你绝对不会浪费一分钱，而且还不希望别人知道你的小气。你的午餐通常都会吃便宜又实惠的饭菜，绝对不外食。结婚后，你还会缩减生活开支，心甘情愿地为了买一套房子节衣缩食。

F. 公用厕所：小气的代表

你的很多东西都是朋友送的，而你会把收到的多半礼物以市场价的一半卖给其他朋友，要么就当掉换钱，而换来的这些钱大都被你用去投资不动产了。周围的人说你是“守财奴”，你也毫不在意。但遗憾的是，即便是你拥有再多

他回忆起十几年的心路历程时说了一段话，令人深思。他是这么说的："想当年，我是一个中文系毕业的学生，自以为驾驭文字的能力很强，于是就背起行囊奔赴各种与文字有关的企业去应聘。可是屡遭挫败，但是我从来没有想过是自己能力的问题，而是将一切归结于那些单位的老总，觉得是他们看不出我的才干。"

"后来，我在网上开了一个博客，总是将一天的行程以文字的形式记录下来，给自己看，也给别人看。那时候，我写了不少愤青文，也引来了很多读者，有人给我留言说，我的写作水准很高，于是我就上天了，自鸣得意。"

"直到后来，我遇见了一位老师，通过一段时间的见习，我发现自己根本什么都不懂。我的文字充其量也就是写写玩儿的，如果要拿上台面去给专业人士看，一定会让他们贻笑大方，也就是那个时候，我明白了，自己所谓的靠文字吃饭的梦想，若要实现，不是不可以，只是我的心态决定了我的思想偏差。所以，实现梦想，对于当时的我来说会有很大难度。"

后来，张某娶了妻子，她为人善良，也很贤惠。从那时起，张某想通了该怎样给一个男人定义：所谓男人，就是思想成熟，且有能力和决心担负起应承担的责任的、有目标有理想的人。

作为一个男人，可以在面临为难之时产生恐惧心理，但是没有资格表露出内心的恐惧，依然要保持冷静的心态去带领身边的人走出困境；作为一个男人，可以在受到委屈的时候落泪，但是没有资格在亲人朋友面前痛哭流涕，因为一个真正的男人是坚强隐忍的；作为一个男人，也可以在面对无数次失败之后说放弃，但是没有资格放下肩上所有的责任，即便生活带来了很多压力和苦恼，也不能就此丢下应承担的责任，比如孝敬父母，养儿育女，保护妻子等，都是一个男人毕生的责任。

男人可以好色，但不可以玩弄感情；男人可以爱财，但不可以视财如命；男人可以享受，但不可以荒废人生……这，才是真正意义上的男人。

〖测测你是不是男子汉〗

"男孩"跟"男人"是两种不同的概念，也许你正处于"男孩"向"男人"过渡的阶段，那么，你想知道合格的男人应该是什么标准吗？下面我们先来做个测试：每道题的A项得1分，B项得2分，C项得3分。请将所有题目所得的分数相加算出总分，然后查看解析。

1. 在下列几个未来职业中，你会选择：

A. 秘书文员。

B. 替身演员。

C. 军人。

2. 如果你所在的球队输了球，你会怎样表现：

A. 沮丧之极，抱怨运气欠佳。

B. 一笑置之，认为胜负乃兵家常事。

C. 怒气难平，发誓以牙还牙。

3. 你发现考卷上一道题答错了，老师却给了你满分，你于是：

A. 偷偷把考卷藏起来，没人时把考卷上的错误纠正。

B. 弄懂那道题的正确解法后，就把这事忘到九霄云外。

C. 告诉老师，请他扣去你的分数。

4. 还在读书的你偷偷喜欢上班里一个女孩子，你会：

A. 在日记里记下你的秘密，独自相思，整天胡思乱想。

B. 给她写信，或约会她，表白你的好感。

C. 设法把注意力转移到学习上，打算毕业后再去发展这段感情。

5. 好朋友误会了你，怀疑你们的友谊，你会：

A. 他不仁，我不义，既相疑就不再交往。

B. 对朋友做个解释，消除误会。

C. 心平气和，却更加真诚地对待你的朋友。

6. 爸爸、妈妈吵架的时候，你会：

A. 冷眼旁观，不闻不问。

B. 找奶奶或外婆来镇住他们。

C. 谁有理就帮谁。

7. 你认为男孩子做家务活：

A. 跌身份、丢面子。

B. 没有办法，无可奈何之举。

C. 替父母减轻一些负担。

8. 你答应了同学去参加他的生日派对，可那天正好弄到了一张你最崇拜的歌星演唱会门票，你将会：

A. 宁肯失约，也不能错过演唱会。

B. 看过演唱会后匆匆赶到同学家。

C. 把门票送给别人，去参加派对。

9. 你最着迷的项目是：

A. 骑自行车。

B. 田径运动。

C. 足球。

10. 晚上你回家的路上，碰到一群流氓纠缠邻居的女孩，你会：

A. 躲开。

B. 跑回去告诉她家里人。

C. 立即报案，然后不自量力而又不顾一切地冲上去救人。

答案解析：

总分 15 分以下：

你的性格比较软弱，如果遇到上台演讲等隆重的场合，你会觉得担心；平时，你的心胸也不够宽大，比较自私，不乐意为别人着想，这样的性格对于你将来的发展很不利，还不够做男人的资格。

总分在 15 ~ 25 分之间：

你很敏感，内心比较脆弱，不过你为人真诚，这是一大优势。不过在行事上要尽量避免拖泥带水，摇摆不定，要有自己的主见和立场，这样，你就有希望成为一个成熟的男人了。

总分在 25 分以上：

你豁达大度，有宽大的胸襟，不爱计较得失，一心向上。机敏而富有人情味的你，有时也有些稚气和冲动，显示出男人可爱的一面。你已是个不折不扣的男子汉了。

〖心理瑜伽第 50 式〗

1. 男人，并不是“老男孩”

有些时候，其实并不能用年龄来判定这个男性是男孩还是男人。有的人虽然年纪尚小，但他懂得人情世故，知道有些问题该如何处理，头脑冷静，思路清晰，该负责的，一定不会怠慢；而有些人虽然上了岁数，却依然没有长进，还是用青春年代的头脑思考问题，判断事物。

所以，判断一个男性是男人还是男孩，不单单要看他的生理年龄，更重要的是他的心智。按照中国的法律规定来说，18 周岁以上的男性统称为男人，然而从心智的角度来说，有一定能力的，在很多事情上可以自作主张，甚至独当一面的，能承担起家庭和社会责任的就是男人，相反则不是。

或许，生为一个人，本身就有自我保护的意识，当遇到险境的时候，人会有求生的欲望；当遇到失败的时候，人会渴望他人的帮助和安慰；当人受到伤害的时候，会有一种痛感，并且再也不想来第二次……

但是，男人之所以会是男人，不仅仅是一种性别的代号，更是一种责任、一种义务、一种坚强和自信的象征。一个真正顶天立地的男人，会给身边的人安全感，而一个男孩，往往非但没有能力和决心给他人带来安全感，还有可能在该负责任的时候借口逃离。

在感情方面，男人只要爱上一个女人，就会为她负责到底，即便是看到了对方的缺点，也不轻易言弃，为感情执著；而一个男孩，则只会站在自己的立场上思考，很多情况下不顾及另一半的感受，甚至在没有完全了解对方的时候依照自己的看法来判断对方的特质和品性，这样会伤及另一半的感情。

2. 男人，要学会给自己定位

前一阵子流行的《十一度青春之老男孩》深得广大 80 后的关注，其中有一句歌词是这样写的："生活像一把无情刻刀，改变了我们模样，未曾绽放就要枯萎吗，我有过梦想。"

很多男孩都谈论过自己的梦想，也为自己设计过未来的宏伟蓝图，然而在实践的过程中，往往又因为种种原因不得不对自己的设计进行调整。或许还会借口说，调整目标，甚至放弃最初的梦想是因为之前一直没有看清社会的现实。

小于今年 26 岁，他感觉大学毕业两年之内在社会上学到的东西远比在校四年学到的东西多。他去过很多城市：青岛、北京、成都……经过了数次的挫败之后，他仿佛得到了彻底的洗礼。他不再是当年的愤青，也不再抱怨社会不公，人情冷漠。现如今的他，由于在外生活多年，回到家乡之后甚至会觉得陌生，融入不进去了。

他在跟朋友聚会时说了这样一段话：“在外漂泊了数年，回到家乡，感觉那已经不是我印象里的家乡了，一切都显得那样陌生，我很茫然，甚至有一点失落感。面对家乡的亲朋好友，也似乎觉察到了一种无形的距离，大家都变得不一样了。假如我已经无法回到家乡，那么我所在的这座城市，又能给我带来什么呢？我究竟能活成什么样子，能给我的妻子儿女以及父母带来什么样的生活呢？”

他的这番话引起了朋友们的深思。

其实，当一个男人走向社会时，他就已经被赋予了各种责任：孝敬父母、忠于妻子、善待家庭、回报社会……

男人的梦想，从某种意义上说，就是整个家庭的梦想，整个国家的梦想，甚至一个时代的梦想。要想实现梦想，就要在实践中不断地分析自己、了解自己，给自己一个较为准确的定位。假如定位不准，方向就是错的，方向一旦错了，一生的精力和奋斗就白费了。